新型职业农民培训 系列教材

农区奶牛养殖技术

王泽奇　徐华　主编

中国农业科学技术出版社

图书在版编目（CIP）数据

农区奶牛养殖技术 / 王泽奇，徐华主编 . —北京：中国农业科学技术出版社，2014.6

（新型职业农民培训系列教材）

ISBN 978 - 7 - 5116 - 1668 - 5

Ⅰ.①农… Ⅱ.①王…②徐… Ⅲ①乳牛 - 饲养管理 - 技术培训 - 教材 Ⅳ.①S823.9

中国版本图书馆 CIP 数据核字（2014）第 113669 号

责任编辑 徐 毅
责任校对 贾晓红

出 版 者	中国农业科学技术出版社
	北京市中关村南大街 12 号　邮编：100081
电 话	(010)82106631(编辑室)　(010)82109702(发行部)
	(010)82109709(读者服务部)
传 真	(010)82106631
网 址	http://www.castp.cn
经 销 者	各地新华书店
印 刷 者	北京富泰印刷有限责任公司
开 本	850mm ×1168mm　1/32
印 张	9.125
字 数	230 千字
版 次	2014 年 6 月第 1 版　2014 年 6 月第 1 次印刷
定 价	26.00 元

新型职业农民培训系列教材

《农区奶牛养殖技术》

编 委 会

主　任　闫树军

副主任　张长江　卢文生　石高升

主　编　王泽奇　徐　华

副主编　平　凡　刘　敏　苏晓美

编　者　鲍俊杰　董建伟　郭军艾

　　　　马玉涛　魏　尊　邢宝奎

　　　　张艳玲

序

　　我国正处在传统农业向现代农业转化的关键时期，大量先进的农业科学技术、农业设施装备、现代化经营理念越来越多地被引入到农业生产的各个领域，迫切需要高素质的职业农民。为了提高农民的科学文化素质，培养一批"懂技术、会种地、能经营"的真正的新型职业农民，为农业发展提供技术支撑，我们组织专家编写了这套《新型职业农民培训系列教材》丛书。

　　本套丛书的作者均是活跃在农业生产一线的专家和技术骨干，围绕大力培育新型职业农民，把多年的实践经验总结提炼出来，以满足农民朋友生产中的需求。图书重点介绍了各个产业的成熟技术、有推广前景的新技术及新型职业农民必备的基础知识。书中语言通俗易懂，技术深入浅出，实用性强，适合广大农民朋友、基层农技人员学习参考。

　　《新型职业农民培训系列教材》的出版发行，为农业图书家族增添了新成员，为农民朋友带来了丰富的精神食粮，我们也期待这套丛书中的先进实用技术得到最大范围的推广和应用，为新型职业农民的素质提升起到积极的促进作用。

2014 年 5 月

前　言

　　规模化养殖是我国奶牛业的发展趋势，三聚氰胺事件加速了我国奶牛规模化养殖的发展进程。奶业已成为农业和农村经济发展新的增长点，成为优化畜牧产业结构、促进农民增收、改善国民身体素质的重要产业。因此，发展规模化、标准化、信息化奶业是当前现代奶业的主要任务，需要奶牛养殖企业不断加快从散养、粗放经营管理的传统模式向规模化、标准化、信息化管理的现代模式转变。为推广普及奶牛场生产实用技术，我们主要面向农区规模化养殖场尤其是中小规模养殖场而编写了这本书，希望能帮助读者了解认识奶牛和牛奶生产过程，回答奶牛饲养过程中的有关问题。在内容上，我们紧紧围绕奶业优质、高效、安全这个中心，吸收国内外奶牛先进、实用的科技成果，结合目前基层奶牛场现有技术水平现状和存在的问题，提出针对性的改进措施，并尽可能把实际生产应用中的一些好的、简单有效的实用经验告诉给大家，重在体现一个新字，如：奶牛饲养应树立的先进理念、信息化养殖技术的应用、生鲜乳质量安全控制、奶牛场土地使用合法化等都是比较新的内容，在书中都做了较详细的介绍。在写作形式上，我们力求简单明了，通俗易懂，注重现实性、实用性和可操作性，重点突出技术管理的数字化、信息化，以适应现代奶业发展的需要。由于此书编写时间紧，所以难免会有纰漏，如有不妥之处，恳请广大读者批评指正。

编　者

2014 年 5 月

目　录

第一章 我国奶牛业的发展形势及应树立的理念

第一节 我国奶牛业的发展趋势分析

一、奶牛养殖业是畜牧业中的朝阳产业

(一) 消费需求不断增长市场潜力大

世界人均牛奶占有量100多kg，美、德、法等牛奶消费大国人均300kg以上，而我国城镇居民的人均乳品消费量不到世界平均水平的1/3，农村居民的人均乳品消费量只有城镇居民的1/5，随着人口增长特别是新农村建设、城镇化进程的加快，城乡居民消费水平不断提高，消费习惯发生着较大改变，乳品消费需求增长空间巨大。所以，近年来我国奶业发展迅猛，全国牛奶产量1999年只有800余万t，到2012年达到了3 700多万t，增长了4.6倍。

从奶粉角度看，目前也孕育着较大的市场潜力。三聚氰胺事件之前，国产奶粉还有一定话语权，而这一危机发生后，国产奶粉发生信任危机，洋奶粉品牌大举进占我国市场，婴幼儿奶粉市场销售占比逐步提升，尤其是在一二线城市，洋奶粉已经占领了80%以上市场。2008年进口奶粉只有14万t，三聚氰胺事件发生后，到2009年进口奶粉就增加到31万t，到2012年已增加到57万多t。虽然进口奶粉占领着我国大部分市场，但并不等于进口奶粉没有问题，来自新西兰的善臣婴儿配方奶粉、来自比利时的

诺宝婴幼儿米粉、来自美国的卡夫奶油芝士、来自荷兰的海禾儿配方奶粉、来自新西兰的贝姬优选婴幼儿奶粉和贝唯乐金装婴儿配方奶粉均被检不合格。如宁波保税区海禾婴幼儿食品有限公司从荷兰进口的海禾儿2阶段较大婴儿配方奶粉被检出含沙门氏菌。不难看出，进口品牌也并不是没有问题，只要国家加强乳品标准建设及质量监管，乳企注重乳粉质量信任再建，就一定能生产出质量安全的优质奶粉，重新赢得市场。

我们有理由相信，随着中国乳业的迅速发展和人民生活水平的逐渐提高，乳制品消费市场会不断扩大并趋于成熟，中国将成为世界上乳制品消费最具潜力的市场。

（二）政策扶持力度不断加大

"三聚氰胺奶粉"事件以后，《国务院关于促进奶业持续健康发展的意见》《乳品质量安全监督管理条例》和《奶业整顿和振兴规划纲要》等政策相继出台，国家扶持奶业发展的政策日趋完善，规范奶业发展的管理制度逐步健全。各级政府把发展奶业摆在重要位置，加大政策和资金扶持力度，设立了标准化、菜篮子、良种补贴等项目，产业办、农业开发办也设有相关项目。如河北省人民政府针对乳粉生产还出台了"关于加快全省乳粉业发展的意见"，每年安排扶持资金4.2亿多元，并对乳粉奶源提出了严格要求和控制。

（三）畜牧产业结构的调整推动奶牛养殖业快速发展

我国虽然国土面积较大，但人口众多，我们用了世界1/7的土地养活了世界1/4的人口，这本身就是一个奇迹，所以在我国存在人畜争粮问题，因此，这些年国家提出了稳定猪鸡、发展牛羊的产业结构调整政策，目的在于充分利用我国丰富的秸秆资源和牧草资源，使之变废为宝，以秸秆和牧草换奶换肉，这既是人们生活水平发展的需要，也是国家产业政策调整的要求。

二、规模化、科学化养殖是奶牛养殖业的发展趋势

2010 年我国奶业逐渐恢复，走出了"三鹿奶粉事件"的阴影，奶牛存栏、奶产量出现了小幅增长，乳品生产、加工和消费均实现了较快增长。而三聚氰胺事件加快了中国奶业养殖由散户模式向规模化模式的转变，标准化、规模化的养殖模式更加受到重视。因此，奶牛养殖规模化是未来的发展方向，即养牛场数量越来越少，平均存栏规模不断加大，单产水平和资源利用率将会不断提高。与小规模散养模式相比，规模奶牛养殖企业采用了先进饲养管理方式和技术，在奶牛繁育、饲养管理、牛奶生产等诸多方面表现出了明显的优势，其机械化、标准化、科学化、信息化的管理模式，提高了牧场生产各环节的生产效率，提高了生鲜乳奶质量，降低了生产成本，减少了奶牛废弃物对环境的污染，实现了经济效益、社会效益和生态效益的统一。

三、机械化、信息数字化是未来的发展方向

随着中国经济的发展，劳动力成本越来越高，减少用工、降低成本已成为牛场老板追求的重要目标。而提高机械化、信息化、社会化水平以及员工素质等是实现这一目标的重要因素。当前国家正在加快速推进农业现代化、机械化水平，对农业机械施行 30% 的补贴，未来随着牛场经济实力的增强，牛场用工会有更多地方被机械所替代。在德国，一个五六百头的牛场，用工只有 5 人左右，他们一个最大的特点就是机械化程度高，工人技术素质也高，他们熟悉不同机械的使用，一人多能，并严格按照要求进行程序化操作。有的牛场采用机器人挤奶，这样的牛场用工更少。在管理上，他们采用了软件信息数字化管理，牧场主通过管理软件对牧场产奶量、DHI 测定数据、饲料使用、发情、配种、产犊等情况一目了然，并依据这些数据和软件评估结果对牧

场进行科学化管理，发情信息通过互联网发到改良配种协会，由协会具体负责配种工作，这大大提高了管理水平和效率。目前，数字信息化管理软件在我国很多奶牛场已推广使用，如河北省廊坊市，前几年只有三河华夏、福成奶牛场使用了管理系统，近两年又有德隆、熊氏、雪计兴等多家奶牛场采用了奶牛管理软件，而且有提速趋势。

四、对环境无害化是未来养殖场发展的必然要求

雾霾频发为我们敲响了环保的警钟，水土也存在着极大的污染问题，所以，现在国家投巨资加强环境治理工作，养殖业也在治理的范畴。我们要想让奶牛养殖业健康发展，就无论是在规划设计还是饲养过程中，都必须做好粪污、病死畜的无害化处理，禁止对水、土、空气环境造成污染。保护好我们赖以生存的环境，这是国家的环保要求，也是我们每一个公民应尽的责任。法律性强制措施将使对环境有污染的牛场难以生存，实现循环利用、生态养殖这是我们追求的最佳养殖方式。

第二节　养奶牛应树立的先进理念

奶牛场经营的好坏，关键是奶牛场老板有没有树立一个先进的养殖理念。理念是牛场经营管理的总纲，先进正确的理念将指导牛场沿着正确的道路健康快速发展，没有先进正确的理念做指导就很难经营管理好牛场。

一、要树立综合性管理理念

生产者养奶牛的目的是追求其生产过程中产生的经济效益，但养奶牛并不是产奶量高就能获得最佳效益，它是一项系统性综合工程，它还需要饲养管理到位、奶牛健康利用年限长、疾病

少、饲养成本低、产犊间隔短等众多因素的支撑才能获得充足利润。所以经营者在牛场管理中必须要有系统性综合性的管理理念，加强对更多技术指标的监管，不要只追求产奶量。大家不妨想一下，一个奶牛场平均产奶量很高，达到了30kg，但只产两胎就被动淘汰了，那这样的牛场一定能赚钱吗?

二、要树立重饲养轻兽医的理念

实际工作中经常遇到一些老板向我们提出让给找一位好兽医，工资好说。像这样的牛场，不用问也知道他的管理不到位，奶牛健康状况差，经营状况也不会很好。正确的理念是：重视饲养管理，只要奶牛营养均衡，管理到位，奶牛健康，不但多产奶，还会少得病甚至不得病，大把的医药费就会节省下来，这样的话你认为兽医还那么重要吗! 好的奶牛场兽医工作重点不在治，而在防，关键是搞好饲养管理。

三、要重视奶牛福利

奶牛福利问题在我国很多牛场往往得不到重视，其生活、生存环境的好坏经常被忽视。冬天爬冰卧雪，夏天烈日当头，雨后粪粥中站；青贮发霉继续饲喂，冬天饮冰水、夏天饮污水，如此等等，在我们的很多牛场都有不同程度的存在，这不是在养奶牛，而是在虐待奶牛，奶牛的生存条件、身心健康得不到有效保障，又怎能谈得上为你去创造有效价值。奶牛福利讲的是"以牛为本"，要尽可能为奶牛创造一个舒适的，适合奶牛生理要求的生存环境，为奶牛提供充足的优质饲料，保证奶牛充足的营养，使奶牛精神状态良好、愉悦、身心健康，只有这样才能让奶牛为人类生产出更多的优质牛奶。像卧牛床、活动场、夏天遮阳并提供凉水、冬天防寒并提供温水、提供 TMR 饲料等都是重视奶牛福利的一种表现形式。

四、要树立科学化、精细化的生产管理理念

奶牛是食草动物，它在很多非专业人士眼里是一个非常好养的牲畜，但实则不然，它是家畜当中最难养，需要技术含量最高的一种牲畜。奶牛每一个生产周期中既要产犊，还要进行305天的产奶，身体负荷很大，无论是环境、还是饲料精粗搭配都必须符合奶牛的习性和营养需求，哪一个环节管理不到位都会造成生产性能下降，潜能发挥不充分。奶牛饲养学应该叫奶牛饲养科学，因为这里面赋予了太多的科学内涵。如果管理者在这方面重视不够，缺乏科学饲养的理念，就很难把奶牛养好，把牛场经营好。举个简单的例子：奶牛有群居性，分群时，按产奶量如果单独把一头产奶牛从它习居的牛群转到另一牛群，就会造成其产奶性能下降。所以奶牛饲养是一门非常精细严谨的科学，不但要做到科学化，还要做到精细化。

五、注重对人的科学化管理

牛场的一切经营管理活动都是通过对人的管理来完成的，只有先管好人，才能管好牛，因此，牛场必须有一套完整的符合本场实际的科学管理体系，制定全方位的技术规范和管理制度，要定岗、定责、定人、定目标，有考核、有奖罚，要建立快捷的数据记录、分析反馈系统和完整的责任落实、目标完成监管系统。最好能通过互联网运用牛场数字化管理软件来实现对人和牛的管理，根据软件的统计分析结果来实现对责任人目标、责任的监管。运用软件对牛场进行管理，可以使牛场管理更加科学、精细和精准，信息反馈更加快捷。

六、要树立质量安全意识

"三聚氰胺"事件让中国奶业受到重创，尤其奶粉市场，大

部分市场逐渐被国外品牌占领，这里有国家标准滞后，监管不到位的责任，也有乳企、牛场质量意识差的问题，我们各个层面都要吸取教训，重视质量，树立品牌意识、形象意识。中国乳品消费市场潜力巨大，只要能让大家喝上放心奶，中国的市场潜力就会快速释放，我们养牛人的灿烂明天就会快速到来，但关键是要提振消费者信心。牛场是乳品的源头，把好源头质量关，不仅是为了社会、为了我们这个行业，更是为了我们养牛人自己。所以，牛场一定要从饲料、用药、消毒、挤奶、贮存、运输等各个环节控制好质量，更不能违法乱纪，道德败坏，在生鲜乳中掺杂使假。另外，乳企也要严格把关，防止劣质牛奶进厂、出厂，并要注重优质优价，推动牛场奶质的提高。同时，政府更要加强监管，防止违法案件发生。

第二章　奶牛良种及鉴定

第一节　良种简介

奶牛品种起源于家牛属的普通牛种，经过人们长期的定向选择和培育，形成了能够适应不同气候和农业状况，具有一定经济价值和共同遗传特点的众多品种。

一、荷斯坦牛

（一）产地

荷斯坦牛原产于荷兰北部的北荷兰省和西弗里生省，其后代分布到荷兰全国乃至法国北部以及德国的荷斯坦省。因被毛为黑白相间的斑块，因此，又称之为黑白花牛。近一个世纪以来，由于各国对荷斯坦牛选育方向不同，荷斯坦牛主要分为乳用和乳肉兼用两个类型。美国、加拿大、以色列、日本等国的属于乳用型，欧洲国家如德国、荷兰、法国、丹麦、俄罗斯、瑞典、挪威等国的多属于兼用型。荷斯坦牛以产奶量高、适应性广而著称。风土驯化能力强。耐寒，但耐热性较差。对饲料条件要求较高。以下重点介绍乳用型荷斯坦牛。

（二）体型外貌（图2-11）

体格高大，结构匀称，皮薄骨细，皮下脂肪少，乳房容积大，乳静脉明显，乳头大小分布适中，后躯较前躯发达，侧望、上望和前望分别呈3个不同的楔形，具有典型的乳用型外貌。被毛细短，毛色呈黑白（或红白）斑块，界线分明，额部有白星，腹下、四肢下部（腕、跗关节以下）及尾帚为白色。犊牛初生重为 40～50kg。成年公牛体重 900～1 200kg，体高 145cm；成年母牛体重 650～750kg，体高 135cm。

图 2-1　荷斯坦牛

（三）生产性能

乳用型荷斯坦牛的产奶量为各奶牛品种之冠，它以极高的产奶量、理想的体形外貌、高效的饲料报酬等特点著称于世。1999 年荷兰全国荷斯坦牛平均年产奶量为 8 016kg，乳脂率为 4.4%、乳蛋白率为 3.42%；美国 2000 年登记的荷斯坦牛平均产奶量达 9 777kg，乳脂率为 3.66%、乳蛋白率为 3.23%。创世界个体最高纪录者，是美国一头名叫"Muranda OscarLucinda-ET"牛，于 1997 年 365 天两次挤奶产奶量高达 30 833kg。至今美国已有 37 头以上的荷斯坦牛年产奶量超过 18 000kg，创终身产奶量最高纪录是美国加利福尼亚州的一头奶牛，在泌乳的 4 796天内共产奶 189 000kg。

（四）适应性

荷斯坦牛性情温顺，便于管理，适应性较强，但是，乳脂率较低，不耐热，高温时产奶量明显下降。当气温超过 28℃ 时，产奶量明显下降，而且 7～8 月份发情受胎率最低。因此，夏季饲养，尤其南方要注意防暑降温。

二、中国荷斯坦牛

中国荷斯坦奶牛（1997 年以前称中国黑白花奶牛）是 19 世纪末期，从国外引进的荷兰牛在我国不断驯化和培育，或与我国黄牛进行杂交并经长期选育而逐渐形成的。1992 年正式更名为

"中国荷斯坦牛"，是我国奶牛的主要品种，分布于全国各地。

（一）体型外貌

我国荷斯坦牛的体格有大、中、小3种类型，这是由于各地引用的荷斯坦牛与本地母牛类型以及饲养环境条件的差别而形成的：①大型奶牛：主要含有美国荷斯坦牛血统，成年母牛体高135cm以上，体重600kg以上；②中型奶牛：主要引进欧洲部分国家中等体形的荷斯坦公牛培育而成，成年母牛体高133cm以上；③小型奶牛：主要是引用国外荷斯坦牛与我国体型小的本地母牛杂交培育而成，成年母牛体高130cm左右。自20世纪70年代初以来，由于冷冻精液人工授精技术的广泛推广，各省、市、自治区的优秀公牛精液相互交换，以及牛饲养管理条件的不断改善，以上3种类型的奶牛，其差异也在逐步缩小。

中国荷斯坦牛体型外貌多为乳用体型，被毛细短而具光泽、皮薄、致密而有弹性、皮下脂肪少，毛色多呈现黑白花，花色分明，黑白相间，额部多有白斑，腹部低，四肢膝关节以下及尾端呈白色，全身细致紧凑而比较清秀优美体躯结构匀称，尻部平、方、宽，乳房发育良好，质地柔软，乳静脉明显，乳头大小分布适中，关节明显、筋腱分明。侧望、前望和俯视奶牛，奶牛体形应呈现三个"三角形（楔形）"。

（二）生产性能

中国荷斯坦牛的产奶量与国外品种相比没有差别，但由于我国各地的饲养管理水平差别很大，所以，地区间牛产奶量的差别也很大。在饲养条件较好、育种水平较高的京、沪等地，一些规模牛场年均产奶量已超过8 000kg，而在饲养管理较差的地方，牛的产奶量仅3 000kg左右。

三、娟姗牛

（一）产地

娟姗牛属小型乳用品种，原产于英吉利海峡南端的娟姗岛（也称为哲尔济岛），其育成史已不可考，有人认为是由法国的布里顿牛（Brittany）和诺曼蒂牛（Normondy）杂交繁育而成。由于娟姗岛自然环境条件适于养奶牛，加之当地农民的选育和良好的饲养条件，从而育成了性情温顺、体型轻小、乳脂率较高的乳用品种。早在18世纪娟姗牛即以乳脂率高，乳房形状好而闻名。

图 2 - 2 娟姗牛

（二）体型外貌（图 2 - 2）

娟姗牛体型小，清秀，轮廓清晰。头小而轻，两眼间距宽，眼大而明亮，额部稍凹陷，耳大而薄，髻甲狭窄，肩直立，胸深宽，背腰平直，腹围大，尻长平宽，尾帚细长，四肢较细，关节明显，蹄小。乳房发育匀称，形状美观，乳静脉粗大而弯曲，后躯较前躯发达，体型呈楔形。娟姗牛被毛细短而有光泽，毛色为深浅不同的褐色，以浅褐色为最多。鼻镜及舌为黑色，嘴、眼周围有浅色毛环，尾帚为黑色。娟姗牛体格小，成年公牛活重为 650 ~ 750kg，成年母牛体高113.5cm，体长 133cm，胸围 154cm，体重 340 ~ 450kg。犊牛初生重为 23 ~ 27kg。

（三）生产性能

娟姗牛的最大特点是乳质浓厚，单位体重产奶量高，乳脂肪球大，易于分离，乳脂黄色，风味好，适于制作黄油，其鲜奶及奶制品备受欢迎。2000 年美国登记娟姗牛平均产奶量为 7 215 kg，乳脂率 4.61%，乳蛋白率 3.71%。创个体纪录的是美国一头名叫"Greenridge Berretta Accent"的牛，年产奶量达 18 891 kg，乳脂率为 4.67%，乳蛋白率 3.61%。

（四）适应性

娟姗牛较耐热，印度、斯里兰卡、日本、新西兰、澳大利亚等国均有饲养。新中国成立前，我国曾引进娟姗牛，主要饲养于南京等地，年产奶量为 2 500 ~ 3 500kg。近年，广东又有少量引入，用于改善牛群的乳脂率和耐热性能。

四、瑞士褐牛

（一）产地

瑞士褐牛属乳肉兼用品种，原产于瑞士阿尔卑斯山区，主要在瓦莱斯地区。它是由当地的短角牛在良好的饲养管理条件下，经过长时间选种选配而育成。

（二）体型外貌（图 2 - 3）

瑞士褐牛被毛为褐色，由浅褐、灰褐至深褐色，在鼻镜四周有一浅色或白色带，鼻、舌、角尖、尾帚及蹄为黑色。头宽短，额稍凹陷，颈短粗，垂皮不发达，胸深，背线平直，尻宽而平，四肢粗壮结实，乳房匀称，发育良好。成年公牛体重为 1 000kg，母

图 2 - 3　瑞士褐牛

牛 500 ~ 550kg。

（三）生产性能

瑞士褐牛年产奶量为 2 500 ~ 3 800 kg，乳脂率为 3.2% ~ 3.9%；18 月龄活重可达 485kg，屠宰率为 50% ~ 60%。美国于

1906 年将瑞士褐牛育成为乳用品种，1999 年美国乳用瑞士褐牛 305 天平均产奶量达 9 521kg（成年当量）。

（四）适应性

瑞士褐牛成熟较晚，一般 2 岁才配种。耐粗饲，适应性强，美国，加拿大、前苏联、德国、波兰、奥地利等国均有饲养，全世界约有 600 万头。瑞士褐牛对新疆褐牛的育成起过重要作用。

五、新疆褐牛

（一）产地

新疆褐牛主要产于新疆维吾尔自治区天山北麓的西端伊犁地区和准噶尔界山塔城地区的牧区和半农半牧区，分布于全疆的天山南北，主要有伊犁、塔城、阿勒泰、石河子、昌吉、乌鲁木齐、阿克苏等地区。

（二）体型外貌（图 2 - 4）

新疆褐牛有角，角尖稍直、呈深褐色，角大小适中、向侧前上方弯曲呈半椭圆形。毛色呈褐色，深浅不一，顶部、角基部、口轮的周围和背线为灰白色或黄白色，眼睑、鼻镜、尾尖、蹄呈深褐色。

图 2 - 4　新疆褐牛

（三）生产性能

成年公牛体高、体长、胸围和体重分别为 144.8cm、202.3cm、229.5cm、950.8kg，成年母牛分别为 121.8cm、150.9cm、176.5cm、430.7kg。在舍饲条件下，新疆褐牛平均产奶量为 2 100 ~ 3 500 kg，个别可达 5 212 kg，乳脂率 4.03% ~ 4.08%，乳的干物质为 13.45%；放牧条件下，泌乳期约 100 天

（新疆褐牛其产乳量的高低主要受天然草场水草丰茂程度的影响，挤乳期主要在6~9月），产奶量1 000kg左右，乳脂率4.43%。另外，中上等膘情1.5岁的阉牛，在放牧条件下，宰前体重235kg，屠宰率47.4%；成年公牛433kg时屠宰，屠宰率53.1%。

（四）适应性

新疆褐牛也是牧区驮挽的主要役畜，适应性强，为其他品种杂种牛所不及。它能在海拔2 500m高山、坡度25°的山地草场放牧，可在冬季-40℃、雪深20cm的草场用嘴拱雪觅草采食，也能在低于海面154m、最高气温达47.5℃的吐鲁番盆地——"火洲"环境下生存。宜牧，耐粗的采食增膘、保膘方面与本地黄牛相同。但在冬季缺草少圈饥寒时，由于新疆褐牛个体大，需要营养多，入不敷出，比本地黄牛掉膘快，损失大。在抗病力方面，与本地黄牛同样强。

六、乳肉兼用型西门塔尔牛

（一）产地

西门塔尔牛原产于瑞士西部阿尔卑斯山区，主要产地为西门塔尔平原和萨能平原。在法、德、奥等国边邻地区也有分布。西门塔尔牛占瑞士全国牛只的50%、奥地利占63%、前西德占39%，现已分布到很多国家，成为世界上分布最广，数量最多的乳、肉、役兼用品种

图2-5 乳肉兼用型西门塔尔牛

之一。

（二）体型外貌（图2-5）

该牛毛色为黄白花或淡红白花，头、胸、腹下、四肢及尾帚多

为白色，皮肤为粉红色，头较长，面宽；角较细而向外上方弯曲，尖端稍向上。颈长中等；体躯长，呈圆筒状，肌肉丰满；前躯较后躯发育好，胸深，尻宽平，四肢结实，大腿肌肉发达；乳房发育好，成年公牛体重平均为 800 ~ 1 200kg，母牛 650 ~ 800kg。

（三）生产性能

兼用型西门塔尔牛乳、肉用性能均较好，其平均单产为 7 024kg，平均乳脂率 4.13%，平均乳蛋白率为 3.49%。该牛生长速度较快，16 ~ 18 月龄屠宰的青年育肥公牛平均体重 700 ~ 800kg，平均日增重超过 1.35kg，85%~90% 的胴体在市场上的胴体等级为 E 和 U，公牛育肥后屠宰率可达 57%~60% 左右。

（四）适应性

成年母牛难产率低，适应性强，耐粗放管理。总之，该牛是兼具奶牛和肉牛特点的典型品种。

第二节 奶牛年龄的鉴别

牛的年龄与生产性能有一定的关系，奶牛一般在 3 ~ 8 岁时为产奶量最高的时期，以后随着年龄增长而逐渐降低。年龄是评价奶牛经济和育种价值的重要指标，也是进行饲养管理、繁殖配种的重要依据。所以，必须熟练掌握乳牛年龄鉴定技术和方法。一般根据牙齿、角轮和外貌进行年龄鉴定。根据外貌鉴定年龄，只能辨别老幼，无法知道其准确年龄；角轮鉴定年龄，所得结果也不甚确切，误差较大。牙齿鉴定较为可靠。

一、牙齿鉴别

牛牙齿的生长有一定的规律性。按牙齿鉴定年龄通常以门齿发生、更换和磨损情况为依据。奶牛共有 32 枚牙齿，其中，门齿 4 对（上白无门齿），共 8 枚；白齿分前白齿和后白齿，每侧

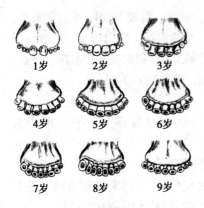

1岁　2岁　3岁

4岁　5岁　6岁

7岁　8岁　9岁

图 2 - 6　牙齿的年龄鉴别

各有 3 对，共 24 枚。

在 5 岁前可用牙齿脱换的对数加 1 来计算，即换 1 对牙是 2 岁，换 2 对牙是 3 岁，换 3 对牙是 4 岁等。5 岁以后，主要看齿面磨损情况、牛齿的结构。开始磨损时先把齿边磨平，然后看齿面的变化，最初呈方形或横卵圆形，以后随磨损程度而加深。如钳齿在 6 岁时呈方形；7 岁呈三角形；8 岁呈四边形；10 岁呈圆形，出现齿星；12 岁后圆形变小；13 岁时呈纵卵圆形。其他门齿变化规律与钳齿一样。随着年龄的增长，全部门齿开始缩短。

根据牛的牙齿鉴定其年龄比较可靠，但仍是估计的结果。由于牙齿的脱换、生长和磨损变化受许多因素的影响，故有时鉴定的结果与实际年龄有出入。如早熟品种和放牧饲养的奶牛，其正常变化约比上述年龄早半年；少数牛只牙质不坚硬或为畸形牙齿，则难以准确鉴定其年龄。此外，饲草的质量也影响鉴定结果，常年舍饲的牛，牙齿磨损慢，终年放牧的牛，饲草质量差，牙齿磨损快。

二、角轮鉴别

角轮一般是饲草饲料匮乏季节，或在怀孕期间由于营养不足形成的。正常情况下，母牛每年分娩 1 次，出现一个泌乳高峰，角上通常就会形成一凹轮。所以，角轮数加初次配种年龄，即为该母牛年龄。奶牛初配年龄一般在 18 月龄，第一个泌乳高峰在 3 岁左右，因此在 3 岁出现第一个角轮。

由于形成角轮的原因比较复杂，可导致角轮分辨不清，确定实际数目比较困难，所以，通过这种方法判定年龄的准确性不高。如母牛出现空怀、流产、患病等情况时，角轮的深浅、粗细和宽窄就会有差别。例如，营养好的，角轮浅、界限不清，不易判定；母牛空怀，角轮间距离则不规则；奶牛患病或营养不平衡时，有可能在一年中不止形成一个角轮。所以，一般情况下只计算大而明显的角轮，否则容易导致判定错误。另外，根据角轮的形状和数目，可以看出奶牛的泌乳能力，如角轮清晰，说明产奶量高；角轮模糊或数目少，说明该牛可能有空怀现象或产奶量低。

三、外貌鉴别

按外貌鉴别奶牛年龄，通常只能鉴别老幼，不能判断奶牛的准确年龄。青年牛一般被毛有光泽，粗硬适度，皮肤柔润而富弹性，眼盂饱满，目光明亮，举动活泼有力。老龄牛一般四肢站立姿势不正，营养欠佳，被毛乱而无光泽；颜面混生斥毛，眼睑下陷，有较多的皱纹，且塌腰，凹背，肢前踏，举动迟缓。

第三节　优质奶牛的鉴别

优良奶牛个体的鉴别主要通过体型外貌鉴定、系谱鉴定和个体 DHI 测定数据来进行判定。

一、奶牛体型外貌鉴定

奶牛的体型外貌不仅与健康和使用年限密切相关，而且决定着其生产能力和生产潜力。

母牛体型外貌特征：体型高大，胸腹宽、深，后躯和乳房十分发达，前视、侧视、背视均呈楔形（图 2 - 7），骨骼舒展，外形清秀。皮薄骨细，被毛短而有光泽，血管显露，肌肉不发达，皮下脂肪沉积少，头、颈长。

重点关注的优质奶牛外貌特征如下。

图2-7　奶牛侧视、前视、背视楔形示意图

（一）乳房

高产奶牛的乳房容积大而不下垂，前后乳房附着好，且后乳房高、宽，乳头长度大小适中、垂直、位置好，只有这样，使用机器挤奶才能达到高效。

1. 后乳房附着高度

乳腺组织上缘至阴门基部的距离越短越好，以16cm为最佳（图2-8），说明后乳房高、深，表明后乳房的乳腺发育越好，泌乳能力也越高。

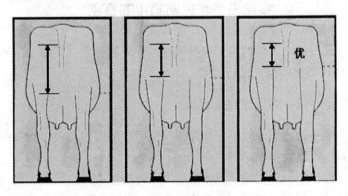

图2-8　后乳房附着高度

2. 后乳房附着宽度

是指乳腺组织上缘的宽度，越宽越好，以 23 ~ 26cm 为最佳（图 2 - 9），表明后乳房的容积大，生产潜力也大。

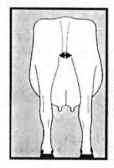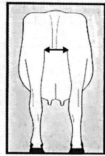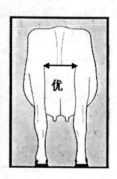

图 2 - 9　后乳房附着宽度

3. 乳房深度

指后乳房底部至飞节之间的相对距离，以中等为好（图 2 - 10），即头胎牛乳房底部在飞节上 12cm 为佳；三胎牛乳房底部在飞节上 5cm 为佳。

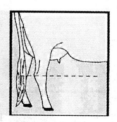

图 2 - 10　乳房深度

4. 中央悬韧带

主要以乳房底部中隔纵沟的深度为衡量标准，一胎牛乳房中沟深 5cm。从后面看，明显把乳房分为左右两部分者，中央悬垂

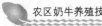

韧带与乳房的应有深度、乳头的正常分布和减少乳房受到损伤的机会均有密切关系。乳房中沟深的奶牛，其中央悬垂韧带很结实，悬重能力很强，乳房下垂的概率低；乳头的分布正常，挤奶比较方便；乳房受到损伤的机会低，因而淘汰率低，利用年限长，经济价值就增加（图2-11，图2-12）。

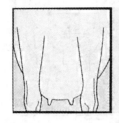

图2-11　中央悬韧带

5. 前乳房附着

从牛体侧面观察，借助触摸，看前乳房与体躯腹壁连接附着程度，超过100°为好。

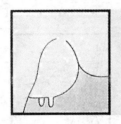

图2-12　前乳房附着

（二）尻角度

指腰角至坐骨结节的倾斜度，（图2-13）。评定时以腰角对坐骨结节的相对高度为指标，以中等（腰角高出坐骨端4cm）为好。无论是逆斜或极斜的状态，均对产后子宫恶露和平时生殖道内分泌物的排出产生影响，直接影响奶牛的繁殖系统的健康，形成繁殖障碍，使繁殖率降低。

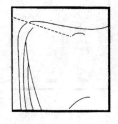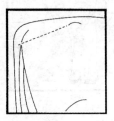

图2-13 尻角度

（三）尻宽

指两坐骨端之间的宽度，以中等宽（18cm）为宜（图2-14）。尻极窄，容易发生难产；尻极宽，虽然发生难产概率低，但生殖道过于宽大，产后复原比较慢，容易发生感染，也容易发生子宫及生殖道松弛等问题。

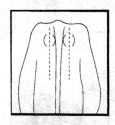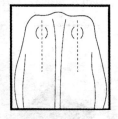

图2-14 尻宽

（四）后肢侧视

从侧面观察被鉴定牛只后肢飞节的弯曲程度，飞节的角度以中等145°为好（图2-15）。直飞牛只，后肢骨骼和关节的压力过大，易引起腿关节和骨骼的损伤；而曲飞严重的牛只，腿上巨大的压力作用于肌肉和肌腱上，而引起肌肉和肌腱的损伤，蹄底磨损程度也不均匀，蹄病发病率较高。

图 2 - 15 后肢侧视

（五）蹄角度

指后蹄外侧壁与地面所形成的夹角，由于易受修蹄因素的干扰，现改为观察蹄壁上沿的延伸线到前肢的位置进行评分以中等（45°，即蹄壁上沿延伸性正好到前肢膝关节）为好（图 2 - 16）。蹄角度小，蹄冠薄使蹄壁变得长而平展，严重影响奶牛的耐久力和运动能力；蹄角度大，蹄壁陡直，蹄腕容易挫伤。因此，蹄角度太小和太大都容易引起蹄损伤、蹄变形和蹄病。

图 2 - 16 蹄角度

二、系谱鉴定

系谱是一头奶牛的父母及其各祖先的牛号、生产性能等的记录文件，是奶牛育种的重要依据。系谱一般记载 3 ~ 5 代，一个有价值的系谱至少包括的内容应该有父母、祖父母、外祖父母牛号及其相应生产成绩。系谱鉴定是通过查阅和分析奶牛各代祖先的生产性能、发育表现以及其他材料，来估计奶牛的育种值，同时还可了解奶牛祖先的近交情况。

（一）系谱的形式

主要有竖式和横式两种，普遍使用的是横式系谱。横式系谱是将牛号或名字记在系谱的左边，历代祖先按顺序向右记载，愈向右祖先代数愈高，各代的公牛记在上方，母牛记在下方。在实际生产中为了查阅方便，往往将种公牛的牛号、祖先的牛号、生产性能（有后裔成绩的是指女儿的生产性能，无后裔成绩的只有祖先的生产性能）以及种公牛的照片配在一起构成系谱图，专门供育种者选种选配参考。

（二）方法

（1）查阅父母双亲系谱。根据双亲系谱中生产性能的育种值，估计系谱指数。计算出结果后，按指数大小进行排队选择。系谱指数有两种算法：

①系谱指数 = 1/2 父亲育种值 + 1/4 外祖父育种值

②系谱指数 = 1/2 父亲育种值 + 1/2 母亲育种值

（2）查阅祖代有无遗传疾病。

（3）查看系谱记录的体型评定记录上有没有明显缺陷。

（4）查本身是否为异性双胎个体。

（三）注意事项

（1）系谱鉴定，首先应考虑的是父母代，然后是祖父母代。因为在没有近交的情况下，每经过一代，个体与祖先的关系减少一半。

（2）奶牛系谱鉴定，多用于犊牛和育成牛阶段，本身尚无产量记载，更无后裔测定资料。

（3）系谱鉴定应有重点，一般把重点放在上代的外形和生产性能上，同时也考虑近交情况。

（4）系谱鉴定必须各代记录完善、清晰。

三、个体 DHI 数据评定

DHI（dairy herd improvement）即为牛群改良计划，也称牛奶记录系统，国内现在叫奶牛生产性能测定。世界上奶牛业发达国家如加拿大、美国、荷兰、瑞典、日本等都有类似组织。我国DHI 系统始创于 1994 年，由中国—加拿大奶牛综合育种项目（IDCBP）与我国有关组织在杭州首先成立。DHI 通过测试每头泌乳牛的生产性能，使牧场管理建立在数据化、科学化的管理之上，大量有效数据资料的统计分析使得牧场的管理细化、高效，既掌握整体状况，又清楚个体水平，改变粗放型、经验型管理养牛模式。结合后裔鉴定技术，可以持续性提高奶牛群品质，也有助于建立有效的奶牛育种与良种登记体系，可以缩短我国与发达国家乳业生产水平的差距。

（一）DHI 报告指标

主要有：泌乳天数，奶损失，前次体细胞数，首次体细胞数，高峰天数，高峰奶量，305 奶量，305 脂肪，305 乳脂率，305 蛋白，305 乳蛋白率，已产奶量（总奶量），已产脂肪（总乳脂），已产蛋白（总蛋白），体细胞数，奶款差，经济损失，校正奶，持续力，WHI 群内级别指数，成年当量等。

（二）依据相关指标进行选择

1. 泌乳天数

指从分娩当天到本次测试日的时间，反映了奶牛所处的泌乳阶段。特别要避免选择那些泌乳天数较长的奶牛，应查看其繁殖状况及产奶量，如果属于长期不孕牛应考虑其存留与否。

2. 校正奶

依据实际泌乳天数和乳脂率校正为泌乳天数 150 天、乳脂率

3.5%时产生的日产奶量。可用于比较不同泌乳阶段奶牛的生产水平，也可用于不同牛群间生产性能的比较。例如甲牛与乙牛某月产奶量基本相同，但是就校正奶量而言，后者比前者高出近10kg，说明乙牛的产奶性能好。

3. 305天奶量

对于泌乳未满305天的牛只是指的预测奶量，对泌乳达到或超过305天时指305天的实际奶量。查看本项目，可了解牧场不同牛只的生产水平及牛群的整体生产水平，作为奶牛淘汰的决策依据。

4. WHI（群内级别指数）

指个体牛只或每一胎次牛在整个牛群中的生产性能等级评分，群内级别指数＝个体牛只的校正奶/牛群整体的校正奶×100。它是牛只生产性能的相互比较，反映牛只生产潜能的高低。

5. 成年当量

指将各胎次产量校正到第五胎时的305天产量。一般认为第五胎母牛的身体各部位发育成熟，性能理论上达到最高峰。利用成年当量可以比较不同胎次母牛的整个泌乳期的生产性能高低。

总之，通过查看奶牛个体或群体的DHI报告，就可以对其生产性能一目了然，从而可以简单直接地确定母牛个体或群体的优劣，为下一步选种选配提供量化的科学依据。

第四节　如何选购健康高产奶牛

奶牛的生产性能与奶牛的品种、饲养管理、挤奶技术、气候等多种因素有关，奶牛的产奶性能需要在一定的饲养管理条件下进行观察和测定，如现场测定产奶量和乳脂率等。同时奶牛的生产性能与外貌有着非常密切的关系，不同生产性能的奶牛都有着独特的外貌特征。因此，在选购奶牛时要综合多种选购方法进行

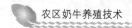

全面选择。

一、选购奶牛的原则

（1）坚决不到疫区购牛，防止导入传染性疾病。

（2）综合考虑奶牛饲养阶段和生产经济效益等因素，优先选购育成牛和青年牛。

二、合理确定选购地点

一定要到信誉好或者比较熟悉的规模场或小区选购奶牛，因为这些场区的奶牛品种质量好，管理水平相对较高，产奶性能稳定，防疫、检疫措施齐备，疫病少，各种生产档案资料记录比较齐全。千万不要轻信各地出售奶牛信息中的高产量、低价格、乳品企业倒闭、大量出售奶牛的信息，避免上当受骗。

三、依据奶牛系谱选择

奶牛系谱包括了奶牛品种、牛号、出生年月日、出生体重、成年体尺、体重、外貌评分、等级、各胎次产奶成绩等详细内容。另外系谱中还有父母代和祖父母代的体重、外貌评分、等级，该牛的疾病和防检疫、繁殖、健康情况等详细记录。根据上述资料挑选高产奶牛很重要，不可忽视。选购奶牛时，要索要和查阅奶牛场档案，优良的品种都具有正规的档案。查阅时要注意：一是档案的有无，以及档案的真伪；二是档案记录是否完整。通过档案可了解所购奶牛的品质优劣。

四、选购适龄奶牛

选购奶牛比较适宜选2岁左右且已怀孕（胎龄在6月龄以内）的青年牛。这样购入后饲养几个月后母牛即分娩，可多得一头犊牛，母牛利用年限较长。对年龄的鉴别，一是查系谱记录；

二是没有记录可查时，请奶牛场有经验的鉴定人员通过牛门齿变化规律鉴定和角轮鉴定相结合的办法进行年龄鉴定。一般 7 岁以前属于高产期，到 10 岁以后产奶量逐渐下降，并且对疾病的抵抗力也逐渐下降。理论上讲，10 岁以内的牛可以买，但实际当中不可行，7 岁牛产犊在 5 胎左右，10 岁牛产犊 7 胎左右。但我们目前很多牛场产犊水平 3 胎以下，以这样的繁殖保健水平，买 7 岁以上的牛风险很大，除非有极高的把握和技术水准，否则，还是买 3 胎、4 胎牛或青年牛。

五、根据体型外貌选购

通过外貌选择奶牛，要求其体格健壮，结构匀称，体躯长宽深，选购时要注意以下几点：一看头部，头颈长而清秀，轮廓优美，明显地表现出细微型；鼻镜宽，眼大隆起。二看颈部，颈长而薄，与头部及肩部结合良好，两侧有无数微小皱褶。三看胸部，胸宽而深，肋骨弯曲呈圆形。四看背腰部，背部长，宽而直，与腰连接良好，腰部应平直。五看腹部，中躯应发育良好，腹部粗大、宽深，呈圆桶形，不下垂。六看四肢，四肢结实、端正，无内弧或外弧现象。蹄中等大，蹄面无裂痕。七看毛色毛被，毛色黑白花，片大，黑白界线分明。被毛柔软丛密而富有光泽，皮薄易拉起，皮脂分泌旺盛。八看乳房，乳房是奶牛的最重要部分。乳房要大，呈方圆形，向前后延伸，底部呈水平状，底纹略高于飞节，乳腺发育充分，乳头大小适中，分布匀称，乳静脉粗大而多弯曲，乳井大而深。

六、选购健康奶牛

在奶牛场购奶牛时，首先要做好疫病的检疫，如口蹄疫、牛结核病、布鲁氏菌病、牛肺疫，乳房炎等的检疫；特别是奶牛结核病、布鲁氏菌病是两种严重危害人类健康的人畜共患病，但一些奶牛场发现阳性牛不是采取淘汰措施而是急于出售。因此，在购买时一定要进行现场监测，可自带结核菌素变态反应试验器具进行牛结核病测定；对布鲁氏菌病则可采用血清平板凝集试验测定。购买数量较多时，可委托当地兽医检疫部门检测，决不能购买监测结果呈阳性的奶牛。牛起运之前，需督促卖方向当地检疫部门报检，办理有关检疫手续，索取检疫证明。

七、选购奶牛时间要适宜

购买奶牛切忌在炎热的夏季，也不宜在寒冷的冬季。这两个季节属传染病多发季节，同时也不利于安全运输，而运输季节选在 10～11 月份最好，气候较凉爽，还应注意购买地的气温、气候和饲草料质量等条件是否与购入地相宜，以有效避免因为运输和变更饲养地点产生的各种应激反应。

第五节　奶牛的运输与隔离

一、运输前的准备工作

（一）办齐有关手续

对长途运输的奶牛，按照国家规定在当地县级以上的动物防疫部门办理《产地检疫合格证》《乳用动物检疫合格证》《无疫区证明》以及《运输车辆消毒证》，保证运输车辆一路畅通。需要注意的是，检疫证明一定要证、物相符，否则视为无效证明。

（二）确定运输方式

奶牛长途运输多采用汽车运输，最好找有经验、专职运输大牲畜的车辆运输；也可找当地或运地口碑较好、能够承担国内公路货车运输服务、服务高效、安全有保障的中介公司，要签订承运合同。

（三）准备好运输车辆

运输车辆应选用双排座的高护栏敞篷车，车护栏高度应不低于1.8m。如果高护栏敞篷车不易组织，也可使用低护栏车，但是要捆扎松木棒使护栏高度达到1.8m，且结实、耐用。

（四）了解途中情况

一旦确定运输路线，要调查了解运输途中的水源和水质情况，联系并确定好途中饮水、饲喂地点。

（五）做好技术保障

根据路途和运输量，要找一定数量的技术管理人员押运运输。

（六）补充营养

牛运输前5～7天提高营养水平，将牛精饲料中能量、蛋白质的浓度提高3%左右，口服或注射维生素C。

二、装车前应做的准备工作

（一）严格检查调运奶牛的体质状况

对准备调运的奶牛，技术人员在装运前一天要进行逐圈检查，及时挑出患病或有外伤的个体。

（二）做好车厢的防滑工作

奶牛在长途运输过程中会排出大量粪尿，使车厢地板湿滑，易造成摔伤。因此，车厢底部最好铺厚30厘米的河沙防滑；如果没有河沙，可用熏蒸消毒过的干草或草垫替代，厚度在20～30cm以上，铺垫均匀。

（三）配备饮水设备

每辆运输车要配备长15～20m的软水管1根，配发10个左右熟胶桶，普通的塑料桶或盆都易被牛踏坏或挤破，或用帆布做成软水槽固定在车厢一边。另外运输途中若经过水源缺乏的地区，可备一个能装 100kg 水的大桶一个，预防水源缺乏时应急用。

（四）饲草的准备

根据调运地的实际情况选用饲草，一般首选苜蓿草捆，其次选用当地质量较好的、奶牛喜食的当家草，最次要配备羊草。草捆中严禁混有发霉变质的饲草。干草捆可放在车厢的顶部，用帆布或塑料布遮盖一下，防止途中雨水浸湿变质。

（五）药品的准备

运输车上要配备的药品有：盐酸普鲁卡因青霉素、链霉素、安乃近、氨基比林、碘酒、双氧水、止血敏等。在途中为了降低应激反应，还要备好葡萄糖粉、口服补液盐、水溶性多维等抗应激药物。

三、运输过程中应注意的问题

（一）运输前的饮水

装载前要让牛饮水，在装运前 2~4h 停喂。为防应激装车前半小时肌肉注射盐酸氯丙嗪（100kg 体重注射 2.5% 氯丙嗪 1.7ml，或添加氯丙嗪 200mg/kg 日粮）。

（二）奶牛的装车

一般选择清晨或傍晚开始装车，牛的数量根据车身的长短来决定，车长 12m 的可装未成年牛（体重 300kg 左右）20~25 头。在实际操作中，有些车主为了多赚运费要求多装奶牛，这是不可取的，一定要制止。在装车过程中如发现有外伤或有病的牛，还要及时剔除。奶牛上车后，要核对奶牛耳牌号和数量，并登记造册，在隔离场方、调牛方和承运司机三方签字确认无误后方可出隔离场。

（三）起运时间选择

一般选择清晨或傍晚出发，可避开高温时段，避免太阳直射。另外，还要考虑到运达目的地的时间应是白天，以便于卸牛。

（四）车辆和人员合理分组

根据具体情况，可将 5～10 辆车编为 1 个小组，每辆车上配备 2 名或 3 名司机、1 名饲养员，每个小组配 1 名兽医。1 个小组统一行程，相互协作，安排好牛只的饮水、喂草和人员的食宿。饲养员和兽医要忌着红色服装。

（五）行车要平稳

车辆起步或停车时要缓慢、平稳，行车时要匀速。每行驶数小时后要停车检查，确保奶牛无异常情况发生。

（六）运输途中勤观察，防止意外和有病牛发生

在运输过程中，若发现有牛卧地时，千万不能对牛只粗暴地抽打、惊吓，紧急情况下可用木板或木棍、钢管将卧地牛隔开，避免其他牛只踩踏，再根据情况处理。奶牛如有外伤可用碘酒、双氧水涂抹，流血不止的可注射止血敏、维生素 K$_3$ 等。运输当中遇到比较多的疾病情况有前胃迟缓、产后胎衣不下、乳房炎、流产等，还有因路面不平或车起步、急刹车造成牛只滑倒扭伤。

（七）运输温度

运输过程不要高于 28℃ 或低于 0℃，以 5～10℃ 为宜。炎热季节运输奶牛最好选择阴雨天或气温较低的天气，并采取降温措施。

（八）运输过程

运输过程中，饲养员和兽医要特别注意临产的孕牛，防止孕牛难产而造成损失。如在途中生产，要及时做好初生牛犊的防护，让犊牛及时吃上初乳，并用木板或栅栏将犊牛隔开，防止被挤踏伤。

（九）长途运输过程

长途运输过程中，必须保证奶牛每天饮水 3～4 次，每头采食干草 3 ~ 5kg。

四、隔离

运输到场后，为防止随牛引入疫病，新引进的牛必须全部放入隔离区，并向当地畜牧防疫主管部门报检。刚卸下的奶牛，不能马上饲喂和饮水。休息 1 ~ 2h 后可以补充电解质水或清洁饮水，初次饮水要适当限量。间隔 3 ~ 4h 后再自由饮水，饲料以品质较好的粗料为主，不喂或少喂精料，一般 1.5kg。随着牛只体力的恢复，逐渐增加精料。

隔离饲养 15 天以上，没有问题，可进行分群。分群要按大小、产奶高低分群，傍晚分群比较容易成功，分群以 10 头以上为宜。

第三章　奶牛的选育

第一节　公牛冻精的选择

在我国奶业由传统奶业向现代奶业转变的过程中，如何搞好奶牛场选种选配是不断提高奶牛场经济效益的基础工作。选种就是选择什么样的种公牛，实际上就是选择用什么样的种公牛冻精进行配种。最好的冻精不一定是最合适的冻精，冻精的选择要根据与配母牛血缘、生产性能及体型外貌性状缺陷来选择能弥补这些缺陷的种公牛冻精。

一、种公牛来源

奶牛场选用种公牛的好坏直接关系着三年以后该牛场中将会有怎样的产奶能力的母牛以及生产效益的好坏。合理科学地选择种公牛对一个奶牛场而言至关重要。目前我国各地种公牛站所饲养的种公牛来源主要有 4 种。

（1）从国外直接进口青年公牛或胚胎在国内培养进而选育种公牛。

（2）引进国外优秀验证种公牛的冷冻精液，再选择国内的优秀种子母牛进行交配，选育种公牛。

（3）利用国内后裔测定成绩优秀的种公牛选配优秀种子母牛，从而选育种公牛。

（4）直接进口国外验证的优秀种公牛。

二、选择方法

选择公牛冻精的方法有两种，即根据后裔测定结果选择验证公牛冻精和通过系谱选择青年公牛冻精。

（一）后裔测定结果选择

目前，后裔测定是国际上迄今选择优秀公牛最可靠的方法。选择种公牛冻精时，主要依据以下两个指标衡量种公牛优劣。

1. PTA 值

即预测传递力（Predicted Transmitting Ability），它反映了公牛能传递给女儿的遗传优势值。在评定中，产奶性状和整体评分的 PTA 值越高越理想。PTA 包括产奶量预测传递力（PTAM）、乳脂量预测传递力（PTAF）、乳脂率预测传递力（PTAF%）、乳蛋白量预测传递力（PTAP）、乳蛋白率预测传递力（PTAP%）和体型整体评分预测传递力（PTAT）。

2. 综合育种值

综合育种值是衡量一头种公牛综合素质的指标，值越高，说明公牛的综合性能越好。各个国家为了选育出理想的种公牛，根据自己的育种目标和效益，制定出综合指数，这个指数就是综合育种值。综合育种值的内容及各性状的权重有所不同，在选择种公牛时，可以根据需要进行取舍。下面简要介绍几个主要国家的综合育种值：

（1）中国奶牛性能指数 CPI。

CPI1：适用于既有女儿生产性能，又有女儿体型鉴定结果的国内后裔测定公牛，生产性状包括产奶量、乳脂率、乳蛋白率和体细胞评分，体型性状包括体型总分、乳房和肢蹄。生产性状估计育种值可靠性大于 50%，体型性状估计育种值可靠性大于 45%。

CPI2：适用于仅有女儿生产性能的国内后裔测定公牛，生产性状包括产奶量、乳脂率、乳蛋白率和体细胞评分。估计育种值可靠性大于50%。

CPI3：适用于国外引进的有后裔测定成绩的验证公牛。

（2）中国奶牛基因组选择性能指数GCPI。

GCPI指数包括产奶量、乳指率、乳蛋白率、体细胞评分等生产性状和体型总分、乳房、肢蹄等体型性状。

（3）美国的总性能指数（TPI）。

TPI指数中，生产性状：体型性状：健康与繁殖性状＝43：28：29。

（4）加拿大的终生效益指数（LPI）。

LPI指数中，生产性状：体型性状：健康性状＝51：34：15。

（5）德国的总效益指数（RZG）。

RZG指数中，生产性状：功能性状：肢蹄乳房性状：繁殖性状：体细胞计数：产犊性状＝45：20：15：10：7：3。

（6）北欧的选择指数（NTM）。

北欧荷斯坦奶牛育种体系主要指奶牛育种体系联合紧密的丹麦、瑞典和芬兰三个国家。NTM指数中，生产性状：体型性状：健康性状：其他＝33：13：50：4。

（7）荷兰的选择指数（NVI）。

NVI指数中，生产性状：体型性状：健康性状＝40：30：30。

综上所述，在选择验证公牛冷冻精液时，应视实际情况合理选择种公牛的PTA值或综合育种值较高的冻精改良本场牛群。

（二）系谱选择

通过系谱选择待测青年公牛，需要仔细查看公牛的系谱，了解公牛的血统（父亲、外祖父和外曾祖父），计算系谱指数。系谱指数＝1/2父亲育种值＋1/4外祖父育种值（父亲育种值的可靠性≥85%）。这种选种方法没有使用验证公牛冷冻精液可靠。

三、种公牛选择注意事项

种公牛是影响牛群遗传品质的主要因素，据研究，人工授精技术广泛应用后，种公牛对奶牛生产性能遗传改良的贡献，可以达到总遗传进展的75%~95%。如何选择遗传特性优良的种公牛改良自己的牛群，就显得更加重要了。

（一）在给现有母牛配种时，要尽可能选择验证公牛的精液

选择综合育种值高、遗传能力强的验证公牛冻精来配种，能达到提高后备奶牛品质的效果。综合育种值愈高愈理想，该值反映了种公牛所能传递给女儿的产奶量、乳脂率、乳蛋白率等性状的总体评分，是种公牛价值的体现。

（二）有针对性地选择公牛

育种前对母牛进行详细的审视、评价，在改良时首选遗传力高的性状（见表3-1）进行改良，高遗传力的性状改良比较容易，见效快。选择在改良性状上具有突出优势的种公牛，对现有母牛存在的部分缺陷进行改良。因为优秀的种公牛都有它的特色优势，如乳脂率高，肢蹄好，乳房结构好。特色突出的种公牛和母牛结合的后代会产生出不同的突出优点来。

表3-1　各生产性状和体型性状的遗传力

性状	遗传力	性状	遗传力
乳脂率	0.50	乳房深度	0.28
乳蛋白率	0.50	髋宽	0.26
体高	0.42	前乳头位置	0.26
体深	0.37	乳头长度	0.26
尻角度	0.33	乳脂量	0.25
强壮度	0.31	中央悬韧带	0.24
产奶量	0.30	后乳房宽度	0.23
泌乳速度	0.30	后肢侧视	0.21
乳用性	0.29	肢蹄评分	0.17

（续表）

性状	遗传力	性状	遗传力
前乳房附着	0.29	蹄角度	0.15
总分	0.29	后肢后视	0.11
后乳房高度	0.28	繁殖性状	0.07

（三）配种

在配种时，公母牛的血缘关系越近，繁殖出的后代对疾病的免疫力就会越差，缺陷就会越多。所以，不管选择哪个种公牛的精液均应回避五代以内的公母牛近亲相交。有的配种员由于缺乏选种选配知识，选择种公牛冻精时一看是不是同一种公牛站的；二看种公牛站距离远近；三看种公牛国别。但这不是判断公母牛血亲关系的科学方法。我们国家多是从北美引进来的种公牛或胚胎，有的种公牛站甚至是从同一种公牛公司引得种，一个买的可能是哥哥，另一个买的可能是弟弟，所以国内目前存在近亲、同胞、半同胞关系的种公牛站比较多见，购买冻精时出现近亲的几率相对较高。北美（美国、加拿大）的育种体系与欧盟的育种体系不同，理论上来讲，发生近亲血缘关系的几率较低。当今世界的种公牛育种工作，不分区域，不分国别，不管距离远近，只要有可以拿来用于育种的优秀基因，都有可能用在自己的育种上，所以不同育种体系、不同国家引进来的奶牛冻精仍然有近亲的可能。廊坊一家奶牛场购进的是德国冻精，但与美国进口冻精有着较近的血缘关系，如果不查看血缘关系，就盲目配种，就有可能发生近交问题。因此，不管冻精来自何方，都要让配种员查看血缘关系图（种公牛血缘关系图可以在国内种公牛站发放的系谱手册里查到），才能有效地防止近亲交配。

总之，世界上没有十全十美的种公牛，每头种公牛都有自己的特点。因此，要根据牛群实际情况选择适合的种公牛，才能逐代改良，最终获得基因优秀、体型健美、生产性能和长寿性好的

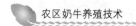

奶牛群。

第二节　奶牛选配

选种选配是在奶牛群鉴定的基础上进行的，有计划地把具有优良遗传特性的公母牛进行交配，得到能产生较大遗传改进的理想后代。

一、掌握分析牛群基本情况，确定育种目标

在确定选配方案前，首先对本场牛群仔细调查分析，包括本场牛群的血统系谱图、使用过历史公牛（在群牛的父亲）、胎次产奶量、乳脂率、乳蛋白率和体型外貌的主要优缺点等。确定本场最近几年的育种目标，应结合牛群生产性能及体型外貌情况，以改良两到三个性状为主，不能面面俱到，才能获得较理想的改良效果。需要了解的牛群情况主要有以下几点。

（1）牛群血缘关系，在牛群中主要包括了哪些公牛的后代。

（2）牛群的体型评分、体尺、体重情况。

（3）牛群的繁殖性能情况。

（4）牛群的生产性能总体水平，不同生产水平下的个体及在牛群中所占的比例。

（5）将上述情况与牛群上一世代和本地区牛群分别进行纵向、横向比较。

（6）找出牛群具备的优秀性状和有待进一步改良的生产性状。

（7）根据牛群性状的表现，找出一些最佳选配组合。

二、选配基础

进行选配的基础是要确定育种目标，确定奶牛育种中的主要

性状、次要性状及其在生产中的相对经济重要性。

（一）育种目标

通过各种措施的实施，培育出优良的种牛，特别是培育出优秀种公牛，并充分利用这些种公牛，合理改良现有奶牛群，使其在一定期间内获得最大的经济效益。

（二）主要性状

直接用经济价值度量的性状，包括产奶量、乳脂率、乳蛋白率等性状。

（三）次要性状

不具备经济价值，但间接影响经济效益的性状。如繁殖性状、体细胞数、泌乳速度、产犊难易等。

（四）其他性状

包括日增重、生长发育能力等。

（五）经济加权值

上述 4 类性状的相对重要性之比一般为 2∶2∶1。

三、繁殖母牛的选择

根据生产性能、繁殖性能、体型外貌和早期发育等表现选择繁殖母牛。对初生牛犊，应选择三代系谱清楚，出生重在 35kg 左右，并在 6 月龄、12 月龄、第一次配种时应进行体尺、体重测量和外貌鉴定，对有明显缺陷的个体及时淘汰。对产犊后的成年母牛主要进行产奶性能和繁殖性能的选择，淘汰那些产奶量过低和繁殖能力差的奶牛。

四、选配方式

根据母牛基本体型和生产水平，选择与配公牛；根据母牛乳房、肢蹄等表现最差的外貌缺陷，选择具相对优点公牛；其他性状表现，选择最具相对优点的种公牛。选配方式应根据育种目标确定。分为以下两种。

（一）同质选配

同质选配是将具有相同优点的公母牛配对，以期固定优良的性状。在杂交阶段之后的横交固定阶段一般使用同质选配；为尽快固定某一优良性状采用的近亲繁殖也属于同质选配。

（二）异质选配

异质选配是将具有不同优良性状的公母牛配对，以期在后代中产生具有双亲优良性状的个体。将同一性状表现优劣不同的公母牛配对来校正不良性状，也属于异质选配。异质选配之后立即转入同质选配。

五、选配原则

（1）根据育种目标，巩固优良性状，改进不良性状。

（2）根据牛只个体亲和力和种群配合力进行选配。

（3）公牛遗传素质至少高于母牛一个等级。

（4）对青年母牛选择后代体重较小的与配公牛，即应选择后代产犊容易的公牛。

（5）优秀公母牛采用同质选配，品种较差的公母牛采用异质选配，但应避免相同或不同缺陷的交配组合。

（6）一般牛群应控制近交系数在 6.25% 以下。

六、选配方法

（一）个体选配

每头牛都按照自己的特点与最优秀的种公牛交配。

（二）群体选配

这种选配方式多用于生产群。它是根据母牛群的特点来选择两头以上的种公牛改良牛群，以一头为主，其他为辅。但要注意选择使用种公牛冻精一定要避免近亲繁殖，同时不使用有遗产缺陷的冻精。

（三）个体群体选配

这种选配要求把母牛按照其来源、外貌特点和生产性能进行分群，每群要选择比该牛群优秀的种公牛冻精进行改良。

第三节 母牛的选留

长期以来，许多奶牛场重点发展奶牛头数，扩大饲养规模，是奶牛养殖的主流趋势，对母牛群的选种留种工作，始终没有受到管理者的高度重视。目前，很多奶牛场都是由疾病造成的被动淘汰居多，主动淘汰选留母牛仍然面临重重阻力。随着我国加入WTO 和奶业的迅猛发展，奶牛育种工作遇到了新的挑战。稳定牛只数量、提高单产水平逐渐成为奶牛发展的必然趋势。意识超前的奶牛场采取了淘汰一些低产成母牛，选留优秀后备母牛的措施，借此提高奶牛场生产效益和经济效益。然而如何淘汰低劣牛只，选留优秀母牛参加生产和扩繁，成为奶牛场发展的关键所在。开展母牛的选留工作要重点做好以下工作：

一、调整母牛群结构，制定成母牛群的早期选种方案

要制定奶牛群的选种方案首先必须调整好奶牛的牛群结构。我们把一个奶牛场中牛群的年龄和胎次比例称为牛群的年龄结构，而把牛场中核心群、生产群和淘汰群的比例称为牛群的遗传结构。对成母牛群而言，在一般情况下，其年龄结构见表3－2。

表3－2 牛群理想年龄结构

胎　次	1～2胎	3～5胎	6胎及其以上
占成母牛总数比例	40%	40%	20%

其遗传结构见表3－3。

表3－3　牛群理想遗传结构

类　别	核心群	生产群	淘汰群
占成母牛总数的比例	30%	60%	10%

对成母牛群每年都应按上述结构比例进行调整，以保证牛群结构的动态平衡。

牛群的年龄结构和遗传结构应相辅相成，年龄结构可以根据母牛的实际年龄或胎次结合产奶量进行调整。遗传结构的确定比较复杂，必须按照系谱资料、本身生产性能和外貌表现综合考虑进行调整，从而确定核心群、生产群和淘汰群。现在，各省市都相继建立了 DHI 测定中心，每年向各奶牛场公布上年度生产性能信息资料。奶牛场可根据 DHI 信息、牛群中头胎牛的系谱资料和平均产奶水平，选择 50% 的优秀头胎母牛作为预选核心群，对进入预选核心群的牛再进行体型线性评定，同时还应考虑遗传能力、抗病力和生产寿命，根据结果淘汰部分体型不合格的牛，约保留 30% 的头胎母牛列为核心群。同时再对以往核心群牛进行评定，淘汰年老体弱或生产性能较低的牛只，将其并入生产群或淘汰群，确保核心群牛占成母牛总数 30% 的动态平衡。母牛产奶后，主要是根据本身的生产性能（最好是 DHI 测定记录）和体型外貌两方面来进行选种，此外还应考虑遗传能力、抗病力和使用寿命。

将头胎牛产奶水平排在平均数减一个标准差（$X-\delta$）以下的母牛，作为预选淘汰群，约占头胎牛的 16%，然后对预先淘汰群的母牛逐个分析产量低下的原因，将确属于遗传水平低下的母牛列为淘汰群，淘汰群约占头胎牛总数的 10%。列入淘汰群的头胎母牛并不一定马上淘汰，而是将其并入以往淘汰群，视其生产性能表现及经济效益定出逐步淘汰计划。可以看出，根据头胎母牛生产水平淘汰的牛保持在 10% 左右，另外，10%~15% 为老弱病残被迫淘汰,从而使牛群总的更新率保持在20%~25%。

生产群包括除核心群和淘汰群以外的所有母牛,也包括核心群中因年老、体弱而将要淘汰的母牛,约占牛群总数的60%,生产群的牛同样也处于动态平衡中。

二、认真制定选配计划,使后备母牛群血统脉络清楚

在选配计划中应坚持以优配优、以优改劣的配种原则,即核心群的母牛选择最优秀的种公牛配种,生产群的母牛也应尽量选择优秀种公牛配种。对核心群的母牛,除考虑其产奶水平外,在配种计划中,应特别注意体型结构的改良,逐个评定其优缺点,制定出个体选配计划。对生产群的母牛,可分两种情况对待:一部分因调整更新从核心群并入生产群的母牛,仍按原配种计划进行;另一部分是根据头胎母牛产奶量列入生产群的母牛,可用较优秀的年轻种公牛配种,因其精液价格便宜,受胎率高,遗传品质比较好。对于淘汰群的母牛可选用价格低廉、受胎率较高的公牛精液配种,也可选肉用公牛的精液配种,使其后代转入肉牛生产。

三、根据成母牛群遗传结构和后备母牛群生长发育规律,确定后备母牛的早期选种方案

后备母牛的早期选种方案应从其父母的遗传品质和后备母牛个体生产发育情况两方面考虑。其父母的遗传品质可参照成母牛群的选种选配方案确定。后备母牛的个体发育情况,则应在建立后备母牛的生长发育性能测定制度的基础上,确定选种标准。

后备母牛的早期选种应着重在6月龄前确定,以便尽早明确牛只的培育方向。若确认为留种的母犊牛,应采取乳用牛的培育方案;若确认为淘汰牛,则可出售或转入育肥,以尽量减少后备母牛的培养费用。具体选择时期和标准如下。

（一）初生时期

犊牛出生后，要选择健康无病、外貌良好、初生体重符合标准（一般在 35kg 以上）、母亲生产性能高于平均水平的母犊可以留养，头胎母牛所生犊牛，可根据外祖母生产性能决定去留。具体做法：核心群的后代母犊，除个别有遗传缺陷或畸形外，全部选留。淘汰群的后代母犊，全部淘汰。生产群的后代母犊，视其初生重大小，选择平均数减 0.5 标准差（X—0.5δ）以上的母犊留养，留养率约为 70%。初生时期留养的母犊应占成母牛群总数的 35% 左右。

（二）断奶时期（或 3 月龄）

由于各奶牛场断奶时期不同，最好把第二次选择统一在 3 月龄。核心群的后代母犊，除个别发育不良或死亡外，全部留种，淘汰率一般为 1%~2%。生产群的后代母犊，选择体重、体高都在平均数以上的留种，留种率基本上为 45%~50%。3 月龄时，母犊应占成母牛群总数的 28% 左右。

（三）6 月龄时期

3~10 月龄是后备母牛生长发育的关键时期，母牛在这一时期骨骼肌肉生长迅速，绝对增重逐渐上升，奠定了生产性能类型和体型外貌的基础。同时，犊牛消化系统发育很快，瘤胃体积增大，功能逐渐完善，胸围和体高的增长都处于整个生长发育的最高阶段，其适应性好坏在这一时期基本上得到充分表现。因此，6 月龄对后备母牛的选择几乎是决定性的，之后犊牛的淘汰率就极低了，这段时期的选种应视其胸围、体高和体重 3 个性状的相对发育情况而定，尤其注意有严重发育障碍（肺炎等），导致 6 月龄体重远低于标准的不宜留用，留种率约为 90%。6 月龄时，母犊应占成母牛群总数的 25% 左右。对这一时期的牛群，应及时分析其生长发育状况，随时调整饲养管理方案，以实现早期配种的目标。

（四）配种时期

配种时期的母牛，除个别有繁殖障碍外，一般全部留种繁殖。但达到配种体重的年龄仍存在着较大的个体差异，应记录这一性状的个体表现，以便为核心群的选择提供参考。为操作使用方便，天津农学院参照荷斯坦牛生长发育规律，制定了后备母牛早期选种方案（表3-4）。

表3-4　奶牛后备牛早期选种方案

选择时期	核心群后代	生产群后代	淘汰群后代	留养母犊占成年母牛的比例
初生时期	留养率100%	初生重38kg以上的留养留种率为：70%~75%	留养率为：0	35%~37%
3月龄时期	留养率98%~99%	生产群后代体重达90kg、胸为100cm体高90cm以上者留养，留养率为45%~50%		27%~29%
6月龄时期	无论核心群还是生产群的后代，凡是体重达到160kg、胸为125cm、体高102cm以上的留养，留养率为90%			25%左右
15~16月龄（配种）时期	除极个别因繁殖障碍淘汰外，均留种			20%~25%

注：由于各地区牛场饲养管理水平有所不同，表3-4的具体选择标准和选择项目，可根据本场牛群的实际情况，参照使用

第四章　奶牛的繁殖

第一节　奶牛的发情与鉴定

一、发情

发情是指母牛卵巢上出现卵泡的发育，能够排出正常的成熟卵子，同时在母牛外生殖器官和行为特征上呈现一系列变化的生理和行为学过程。它主要受卵巢活动规律所制约，即在生殖激素的调节下，卵巢上有卵泡发育和排卵等变化，生殖道有充血、肿胀和排出黏液等变化，外部行为表现为兴奋不安、食欲减退和出现求偶活动等变化。

（一）初情期

初情期是指母牛初次出现发情或排卵的年龄。一般为 6~12 月龄。初次发情时间与品种和体重有关。当育成牛体重达到成年体重的 40%~50% 时即进入初情期。营养均衡、生长发育快的育成牛初情期早，6~8 月龄即可初次发情；营养不良的育成牛，初情期可延迟至 18 月龄。

（二）性成熟与初配适龄

性成熟是指初情期之后，母牛的生殖器官和第二性征发育达到完善的程度，能产生成熟的卵子和雌激素，具备了正常繁殖后代的能力。母牛性成熟后，由于此时身体的正常发育尚未完成（即未体成熟），故一般不宜配种，否则将影响到母牛今后的生产性能。

性成熟后，再经过一段时间的发育，当机体各器官、组织发育基本完成，并且具有本品种固有的外貌特征，一般体重达到成年体重的70%左右，此时即可以参加繁殖配种，这一时期称为初配适龄。初配适龄对生产具有一定的指导意义，但具体时间还应根据个体生长发育情况实行综合判定。标准化饲养条件下的奶牛理想初配年龄一般在1.5~2岁。现在，随着科学养殖技术的不断发展，很多饲养管理好的现代化奶牛场初配年龄已提前到14月龄即可配种。

（三）发情周期

随着卵巢的每次排卵和黄体形成与退化，母牛整个机体，特别是生殖器官发生一系列变化。从这一次发情开始到下一次发情开始的间隔时间，叫做发情周期。母牛的发情周期平均为21天，其变化范围为18~24天，一般青年母牛比经产母牛要短。发情周期中生殖道的变化、性欲的变化都与卵巢的变化有直接的关系。

发情周期通常可分为4个时期。

1. 发情前期

是发情期的准备阶段。母牛卵巢中的黄体开始萎缩，新的卵泡开始发育，雌激素分泌增加，生殖器官黏膜上皮细胞增生，纤毛数量增加，生殖腺体活动加强，分泌物增加，但还看不到阴道中有黏液排出，母牛尚无性欲表现。该期约持续1~3天。

2. 发情期

是指母牛从发情开始到发情结束的时期，又称为发情持续期。发情持续期因年龄、营养状况和季节变化等不同而有长短，一般为18h，其范围为6~36h。根据发情母牛外部征候和性欲表现的不同，又可分为3个时期。

（1）发情初期，这时卵泡迅速发育，雌激素分泌量明显增多。母牛表现兴奋不安，经常哞叫，食欲减退，产奶量下降。在运动场上或放牧时，常引起同群母牛尾随，当有它牛爬跨时，拒不接受，扬头而走，观察时可见外阴部肿胀，阴道壁黏膜潮红，黏液量分泌不多，稀薄，牵缕性差，子宫颈口开张。

（2）发情盛期。当其他牛爬跨时，母牛表现接受爬跨而站立不动，两后肢开张，举尾拱背，频频排尿。拴系母牛表现两耳竖立，不时转动倾听，眼光锐敏，人手触摸尾根时无抗力表现。从阴门流出具有牵缕性的黏液，俗称"吊线"，往往粘于尾根或臀端周围被毛处。阴道检查时可发现黏液量增多，稀薄透明，子宫颈口红润开张。此时卵泡突出于卵巢表面，直径约 1cm，触之波动性差。

（3）发情末期。母牛性欲逐渐减退，不接受其他牛爬跨。阴道黏液量减少，黏液呈半透明状，混杂一些乳白色，黏性稍差。直肠检查卵泡增大到 1cm 以上，触之波动感明显。

3. 发情后期

母牛无发情表现。排卵后卵巢内形成黄体，并且开始分泌孕酮。多数育成牛和部分成年母牛从阴道流出少量血液。该期持续时间约为 3~4 天。母牛的排卵时间是在发情结束后 10~12h。右侧卵巢排卵数比左侧多，夜间，尤其是黎明前排卵数较白天多。

4. 休情期

又叫间情期。精神状态处于正常的生理上相对静止时期。该期黄体由逐渐发育转为退化，而使孕酮分泌量逐渐增加又转为缓慢下降。休情期的长短，常常决定了发情周期的长短。该期约持续 12~15 天。

二、发情鉴定

发情鉴定是奶牛繁殖工作中的重要技术环节。通过发情鉴定，可以发现母牛的发情活动是否正常，判断处于发情周期的哪个阶段及排卵时间，进而准确地确定奶牛配种时间，适时输精，提高受胎率。鉴定母牛发情的方法有外部观察、阴道检查和直肠检查等。

（一）外部观察法

外部观察法是鉴定母牛发情的主要方法。主要在运动场或牛舍内察看，至少早晚各一次。通过观察母牛的爬跨情况，结合外阴部的肿胀程度及黏液的状态进行判定。不同发情时期的外部表现参见前面所述。

（二）直肠检查法

直肠检查法，即操作者将手伸入母牛直肠内，隔着直肠壁检查生殖器官的变化、卵巢上卵泡发育情况，来判断母牛发情与否的一种方法。母牛发情时，可以摸到子宫颈变软、增粗，由于子宫黏膜水肿，子宫角体积增大，收缩反应明显，质地变软，卵巢上有发育的卵泡并有波动感。

牛卵泡发育各期特点：母牛在间情期，一侧卵巢较大，能触到一个枕状的黄体突出于卵巢的一端。当母牛进入发情期以后，则能触到有一黄豆大的卵泡存在，这个卵泡由小到大，由硬到软，由无波动到有波动。由于卵泡发育，卵巢体积变大，直肠检查时容易摸到。牛的卵泡发育可分为 4 期，各期特点是：

第一期（卵泡出现期）：卵巢稍增大，卵泡直径 0.5 ~ 0.75cm，触诊时感觉卵巢上有一隆起的软化点，但波动不明显，子宫颈柔软。这段时期持续约 10h，多数母牛已开始表现发情症状。

第二期（卵泡发育期）：卵泡增大，直径达到 1 ~ 1.5cm，光滑而有波动感,,突出于卵巢表面，子宫颈稍变硬。此期持续约 10 ~ 12h。

第三期（卵泡成熟期）：卵泡不再增大，泡壁光滑、薄，有一触即破的感觉，类似成熟的葡萄，波动感明显，子宫颈变硬。此期持续时间约 6 ~ 8h。

第四期（排卵期）：卵泡破裂，在卵巢上留下一个明显的凹陷区或扁平区。子宫颈如人的喉头状。排卵多发生在性欲消失后10～15h。夜间排卵较白天多，右边卵巢排卵较左边多。排卵后6～8h可摸到肉样感觉的黄体，直径约0.5～0.8cm。

直肠检查的具体操作方法：检查者首先应将指甲剪短磨光，手臂套上橡胶长臂手套或一次性塑料长臂手套。然后用手抚摸肛门，将手指并拢成锥形，以缓慢旋转动作伸入肛门，掏出蓄粪。再将手伸入肛门，手掌展平，掌心向下，按压抚摸，在骨盆底部可摸到一前后长而圆且质地较硬的棒状物，即为子宫颈。沿子宫颈向前触摸，在正前方摸到一浅沟即为角间沟，沟的两旁为向前向下弯曲的两侧子宫角。沿着子宫角大弯向下稍向外侧可摸到卵巢。这时可用食指和中指把卵巢固定，用拇指肚触摸卵巢大小、质地、形状和卵泡发育情况。操作要仔细，动作要缓慢。在直肠内触摸时要用指肚进行，不能用手指乱抓，以免损伤直肠黏膜。在母牛强力努喷或肠壁扩张成坛状，应当暂停检查，并用手揉搓按摩肛门，待肠壁松弛后再继续检查。检查完毕摘掉手套，手臂应当清洗、消毒，并做好检查记录。

（三）电子发情监控系统

传统管理模式下，为了观察牛的发情征兆，即便24h派人不间断的轮流值守观察，效果也并不理想，特别是母牛发情期通常出现在深夜（表4－1）。

表4－1 一天中不同时间段奶牛发情分布比例

奶牛发情（爬跨）时间	该段时间发情牛所占比例（%）
0：00～6：00	43
6：00～12：00	22
12：00～18：00	10
18：00～24：00	25

通过计步器来检测奶牛是否发情，已经不是新鲜的事情，它源于 20 世纪 90 年代初英国北威尔士大学附属学院 3 位博士提出的母牛发情期运动量偏差的研究。研究发现母牛通常的运动量为一天 3～5km，平时每小时在 100 步以内，但发情期的母牛运动量会增加至 10km 以上，平均达 400～600 步/h。根据上述原理，电子发情监控产品和数据分析管理系统相继问世，并逐步在广大奶牛场中大量推广应用。奶牛电子发情监控系统通常包括活动量采集发射系统、数据接收系统、数据分析处理通知系统三大部分。其中，活动量采集发射系统一般由安装在奶牛身上的计步器（腿部）或项圈组成，内置活动量分析记录单元和无线通讯发送单元，用以识别牛号、统计奶牛活动量和发送数据；数据接收系统的核心是无线通讯接收单元，主要用来收集计步器或项圈发送过来的无线数据，并将数据传送给分析处理通知系统；数据分析处理通知系统是利用计算机将接收的活动量数据进行保存并通过计算奶牛活动量差异推算出奶牛的发情周期，判断该牛当前是否处于发情状态，如果是则给出提示，告知技术管理人员。通过电子发情监控系统，可以实现对奶牛发情行为的 24h 不间断监控，大大提高了发情揭发率，能达到 90% 左右，克服了人工观察发情的不连续性和漏检问题（图 4－1）。

图 4－1　奶牛发情监控项圈和计步器

第二节　人工授精

人工授精是利用器械采取公畜的精液，再利用器械把经过处理的精液输送到母畜生殖道的适当部位，使母畜受孕的一种方法。人工授精是家畜繁殖技术的重大突破和革新，已在整个世界范围内推广使用，充分显示出其发展潜力和前景。

一、冷冻精液的保存

为了保证贮存于液氮罐中的冷冻精液品质，不致使精子活力下降，在贮存及取用时应注意以下事项。

（1）按照液氮罐保温性能的要求，定期添加液氮，罐内盛装贮精袋（内装精液细管）的提斗（提桶）不得暴露在液氮面外。注意随时检查液氮贮存量，当液氮容量剩1/3时，需及时补充添加。如果发现液氮罐口有结霜现象，并且液氮的损耗量迅速增加时，是液氮罐已经损坏的迹象，要及时更换新液氮罐。

（2）从液氮罐取出精液时，提斗不得提出液氮罐口外，可将提斗置于罐颈下部，用长柄镊夹取精液细管，操作越快越好。

（3）液氮罐应定期清洗，一般每年一次。要将贮精提斗向另一超低温容器转移时，动作要稳、快，贮精提斗在空气中暴露的时间不得超过5s。

二、输精前的准备工作

（一）母牛准备

母牛经过发情鉴定后，确认已到输精时间，保定好后，对外阴清洗消毒，尾巴拉向一侧。

（二）器械准备

输精器械在使用前必须彻底清洗消毒。现常用的金属输精器可用75%的酒精消毒。

（三）冷冻精液准备

输精前要准备好精液，精液解冻后，活力不应低于35%。

1. 准备

准备好保温杯，并将水温控制在37～39℃。

2. 解冻

打开液氮罐盖子，找到要使用的冻精贮存提桶，将提桶提起到罐口以下，距罐口不可超过3.5cm，迅速用镊子夹住精液管，如果寻找冻精的时间超过10s，应将提桶放回液氮面一下，15s后再提起寻找，以保持冻精的冷度；取出后置38℃左右水浴10s解冻。

3. 检查

检查冻精细管上的牛号是否清晰、正确，确认无误。

4. 剪口

从保温杯中取出冻精，用纸巾或无菌干药棉擦干残留水分，用细管专用剪刀剪掉非棉塞封口端。

5. 精子活力检查

每批次冻精抽查1～3支，活力达到35%以上可以使用，这种抽查可间隔一定时间进行一次，防止精液质量下降。活力检查时，应保持显微镜载物台维持37℃，可把显微镜至于37℃保温箱中或给显微镜加恒温载物台的措施。

6. 装枪

把输精枪的推杆退到与细管长度相等的位置，把剪好的细管有棉塞一端先装入输精枪内，然后把输精枪装进一次性无菌输精枪外套管内，并按螺纹方向拧紧外套管。

（四）输精员准备

输精员应穿好工作服，指甲剪短磨光，手臂清洗消毒或带上输精专用长臂手套。

三、准确掌握输精时间

母牛输精后能否受孕，掌握好合适的输精时间至关重要。经产母牛发情持续期平均为 18h，输精应尽早进行。一般发现发情后 12 ~ 20h 输精一次，也可视情况在第一次输精后间隔 8 ~ 12h 进行第二次输精。生产上常规输精实行上午（早晨）发情下午输精，第二天早晨再输一次；下午（晚班）发情第二天早晨输精，然后下午（晚班）再输一次。为了准确把握输精适期，一般可掌握在母牛发情后期进行输精，此时母牛的发情表现已停止，性欲特征已消失，黏液量少，呈乳白色糊状，牵缕性差。通过直肠检查可感到卵巢上的卵泡胀大，表面紧张，有明显波动感，好像熟透的葡萄，呈一触即破状态。如感到卵巢上出现小坑，说明卵巢已排卵，可立即追配。为节省精液，提高受胎率，在母牛发情近结束时输精一次即可。

四、输精方法

现在普遍推广应用的输精方法是直肠把握子宫颈输精法，这种方法的优点是操作简单、安全可靠，精液输入部位深，不易倒流，受胎率高，并且对母牛刺激小，能防止给孕牛误配而造成人工流产。具体操作方法：输精员清洗消毒手及手臂，一只手戴上长臂乳胶或塑料薄膜手套，伸入母牛直肠内，握住并固定好子宫颈外口，并将宫颈往里推，使阴道伸展。然后压开阴裂，另一只手持输精枪，先斜上伸入阴道内 5 ~ 10cm，避开尿道口，再向下、向前，左右手相互配合把输精枪管插入子宫颈。当遇有阻力时，不要硬插，以防损伤子宫颈。应缓缓推进并轻转输精枪管，即可顺利插到子宫体内或子宫角基部，然后把精液注入子宫（图 4 - 2）。

输精完毕，稍按压母牛腰部，防止精液外流，然后将所用器械清洗消毒备用。输精时应避免盲目用力插入，防止生殖道黏膜损伤或穿孔。

1.探寻子宫颈

2.握住子宫颈，插入输精枪

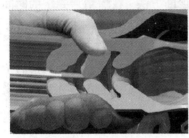
3.将输精枪头慢慢穿过子宫颈

4.确认枪头在子宫内，即可输精

图4-2 人工受精操示意图

第三节 妊娠诊断

在母牛的繁殖管理中，妊娠诊断尤其是早期妊娠诊断，是保胎、减少空怀、增加产奶量和提高繁殖率的重要措施一。经妊娠诊断，确认已怀孕的母牛应加强饲养管理；而未孕母牛要注意再发情时的配种和对未孕原因的分析。在妊娠诊断中还可以发现某些生殖器官的疾病，以便及时治疗；对屡配不孕牛也应及时淘汰。对于奶牛群来说，早期妊娠诊断的错误，极易造成发情母牛的漏配和已孕母牛的误配，从而人为地延长产犊间隔。

妊娠诊断方法虽然很多，但目前应用最普遍的还是外部观察法和直肠检查法。

一、外部观察法

妊娠最明显的表现是周期发情停止。随时间的增加、母牛食欲增强，被毛出现光泽，性情变得温顺，行动缓慢。在妊娠后半期（5个月左右），腹部出现不对称，右侧腹壁突出。8个月以后，右侧腹壁可见到胎动。外部观察在妊娠的中后期才能发现明显的变化，只能作为一种辅助的诊断方法。在输精后一定的时间阶段，如60天、90天或120天统计是否发情，估算不返情率（不再发情牛数占配种牛数的百分数）来估算牛群的受胎情况。这种估算有一定的实用性，但计算并不十分准确。由于输精后个别未孕或胚胎死亡的母牛也不发情，致使不返情率高于实际受胎率。

二、直肠检查法

直肠检查法是判断是否妊娠和妊娠时间的最常用而可靠的方法。其诊断依据是妊娠后母牛生殖器官的一些变化。在诊断时，对这些变化要随妊娠时期的不同而有所侧重；如妊娠初期，主要是子宫角的形态和质地变化；30天以内以胎泡的大小为主；中后期则以卵巢、子宫的位置变化和子宫动脉特异搏动为主。在具体操作中，探摸子宫颈、子宫和卵巢的方法与发情鉴定相同。

未妊娠母牛的子宫颈、子宫体、子宫角及卵巢均位于骨盆腔；经产牛有时子宫角可垂入骨盆腔入口前缘的腹腔内。未孕母牛两侧子宫角大小相当，形状相似，向内弯曲如绵羊角；经产牛会出现两角不对称的现象。触摸子宫角时有弹性，有收缩反应，角间沟明显，有时卵巢上有较大的卵泡存在，说明母牛已开始发情。妊娠 20~25 天，排卵侧卵巢有突出于表面的妊娠黄体，卵巢的体积大于对侧。两侧子宫角无明显变化，触摸时感到壁厚而有弹性，角间沟明显。妊娠 30 天，两侧子宫角不对称，孕角变粗、松软、有波动感，弯曲度变小，而空角仍维持原有状态。用手轻握孕角，从一端滑向另一端，有胎泡从指间滑过的感觉。若用拇指和食指轻轻捏起子宫角，然后放松，可感到子宫壁内似有一层薄膜滑开，这就是尚未附植的胎膜。技术熟练者还可以在角间韧带前方摸到直径为 2~3cm 的豆形羊膜囊。角间沟仍较明显。妊娠 60 天，孕角明显增粗，相当于空角的 2 倍，孕角波动明显，角间沟变平，子宫角开始垂入腹腔，但仍可摸到整个子宫。妊娠 90 天，角间沟完全消失，子宫颈被牵拉至耻骨前缘，孕角大如婴儿头，有的大如排球，波动感明显；空角也明显增粗。孕侧子宫动脉基部开始出现微弱的 特异搏动。妊娠 120 天，子宫及胎儿全部沉入腹腔，子宫颈已越过耻骨前缘，一般只能触摸到子宫的局部及该处的子叶，如蚕豆大小。子宫动脉的特异搏动明显。此后直至分娩，子宫进一步增大，沉入腹腔，甚至可达胸骨区，子叶逐渐增大如鸡蛋；子宫动脉两侧都变粗，并出现更明显的特异搏动，用手触及胎儿，有时会出现反射性的胎动。寻找子宫动脉的方法是，将手伸入直肠，手心向上，贴着骨盆顶部向前滑动。在岬部的前方可以摸到腹主动脉的最后一个分支，即髂内动脉，在左右髂内动脉的根部各分出一支动脉，即为子宫动脉。通过触摸此动脉的粗细及妊娠特异搏动的有无和强弱，就可以判断母牛妊娠的大体时间阶段。

需要注意的是：第一，母牛妊娠 2 个月之内，子宫体和孕侧子宫角都膨大，对胎泡的位置不易掌 握，触摸感觉往往不明显，对初学者在判断上容易造成困难。必须反复实践才能掌 握技术要领。第二，妊娠 3 个月以上，由于胎儿的生长，子宫体积和重量的增大，使子宫垂入 腹腔，触摸时，难以触及子宫的全部，并且容易与腹腔内的其他器官混淆，给判断造成困难。最好的方法是找到子宫颈，根据子宫颈的所在的位置以及提拉时的重量判断是否妊娠，并估计妊娠的时间。第三、牛怀双胎时，往往双侧子宫角同时增大，在早期妊娠诊断时要注意这一现象。第四、注意部分母牛妊娠后的假发情现象。配种后 20 天左右，部分母牛有发情的外部表现，而子宫角又有孕向变化，对这种母牛应做进一步观察，不应过早做出 发情配种的决定。第五，注意妊娠子宫和子宫疾病的区别。因胎儿发育所引起的子宫增大和子宫积脓、积水有时形态上相似，也会造成子宫的下沉、但积脓、积水的子宫提拉时有 液体流动的感觉，脓液脱水后是一种面团样的感觉，而且也找不到子叶的存在，更没有妊娠子宫动脉的特异搏动。

三、其他诊断方法

（一）B 超诊断法

B 超诊断法是把超声波的物理特点和动物组织结构的声学特点密切结合的一种物理学诊断法，具有时间早，速度快，准确率高等优点。由于机体内各种脏器组织的声阻抗不同，超声波在脏器组织中传播时产生不同的反射规律，在示波屏上显示一定的波型。未孕时，超声波先通过子宫壁进入子宫，然后经子宫壁出子宫，从而产生一定的波型；若已妊娠，子宫内有胎儿存在时超声波则通过子宫壁（包括胎膜）、胎水、胎儿，再经胎水，子宫壁（包括胎膜）出子宫，产生出与未孕时不同的特有的波型，据此可作为妊娠诊断的依据。

（二）血奶中孕酮水平测定法

根据妊娠后血中及奶中孕酮含量明显增高的现象，用放射免疫和酶免疫法测定孕酮的含量，判断母牛是否妊娠。由于收集奶样比采血方便，目前，测定奶中孕酮含量的较多，大量的试验表明，奶中孕酮含量高于 5ng/ml 为妊娠；而低于该值者为未妊。放射免疫测定虽然精确，但需送专门实验室测定，不易推广。

（三）化学诊断法

判断妊娠与否的方法还有子宫颈—阴道黏液物理性状鉴定、尿中雌激素检查、外源激素特定反应等，这些方法难易程度不同，都有一定的局限性，准确率偏低且远不及直肠检查。

第四节 分娩与接产

一、分娩

奶牛分娩是指奶牛从产道中产出发育成熟胎儿的过程。正常情况下，分娩的时机是由胎儿决定的。当胎儿长到了分娩前的成熟期，其肾上腺分泌皮质醇增加，这是奶牛繁殖周期中一个重要转折点，皮质醇启动了正常分娩和泌乳所需要发生的一切改变。与此同时，母牛机体也会相应发生一系列激素的变化，为即将到来的分娩过程做好准备。

（一）分娩征兆

在激素变化影响下，奶牛在分娩前发生一系列生理上的变化，称之为"分娩征兆"或"临产症状"。

1. 乳房膨大

奶牛在临产前半个月左右，乳房就开始发育膨胀，在临产前3~4 天就可以从前面两个乳头挤出黏稠状的淡黄色乳汁，在临产前1~2 天四个乳头都可挤出乳白色的乳汁，这些乳汁称为"初乳"。乳房充盈变大，乳头饱满，乳头皮肤平滑光亮。

2. 外阴变化

奶牛在怀孕的后半期两阴唇就开始肿胀、变得柔软，阴唇皱褶逐渐展平，做阴道检查时发现子宫颈外口的黏液塞被溶化。奶牛在临产前的 1 ~ 2 天往往从阴道内流出透明絮状的黏液并垂于阴门之外（图 4 - 3）。

3. 骨盆变化

在奶牛怀孕后期，骨盆腔内的血液流量逐渐增加，毛细血管壁扩张，有部分血浆渗出血管壁，浸润了周围的组织，骨盆韧带松弛变软，奶牛臀部尾根两侧出现凹陷，特别在临产前 1 ~ 2 天，奶牛骨盆韧带会进一步松弛，尾根两侧凹陷更为明显。触诊荐髂韧带变得柔软松弛，称

图 4 - 3　面临产前流出的子宫颈栓黏液

为塌胯。

4. 精神变化

奶牛在临产时，子宫出现阵痛现象，奶牛表现精神不安，时起时卧，频频排尿，并经常回望腹部或后肢踢腹，这些行为随着临产的到来，间隔时间会越来越短，阵痛时间将会越来越长，表明奶牛即将分娩，接产人员需做好接产准备。

（二）分娩过程

分娩过程可划分为 3 个阶段。

1. 第一阶段：子宫颈扩张期或开口期

在这个阶段，子宫收缩频率增加，胎儿在收缩作用下逐渐朝着产道移行，子宫颈慢慢松弛。在第一阶段后期，子宫颈直径扩

张至 7~15cm。这时母牛烦躁不安，来回走动，产道分泌大量黏液，排粪尿的次数增多，骨盆韧带松弛。该阶段持续约 2~12h。此期仅有宫缩，没有怒责。

2. 第二阶段：胎儿娩出期

该阶段始于胎儿进入子宫颈，在母牛腹部收缩连同子宫阵缩作用下挤压胎儿进入产道，当胎儿进入子宫颈后约 30min，即可见胎儿的蹄子（图 4-4）。之后分泌的进程减缓，因为子宫颈要进一步扩张，直至允许胎儿的头部和肩部可以通过。在蹄子出现后的 5~45min 内，子宫收缩频率和强度再次增加，之后胎儿会在 15~30min 娩出。第二阶段根据品种和胎次的不同持续时间在 15min 至 3h。

3. 第三阶段：胎衣排出期

通常需要 4~6h。母牛产公犊后胎衣滞留时间稍长。胎衣在产后 12h 内未被排出则为胎衣不下。难产时胎衣不下的几率提高 2~3 倍。

图 4-4 胎儿进入子宫颈后露出蹄部

二、接产

（一）对接产员的要求

接产员必须是经过接产训练的人员。

（1）必须熟知临近产犊的母牛的状态。包括母牛精神是否正常、胎儿是否存活，胎位、胎向是否异常，子宫有无扭转等。

（2）在产犊过程中能够明确区分正常情况与不正常情况，是否需要助产。

（3）母牛需助产时，掌握正确的助产方法并熟练使用。

（4）能正确识别产道内胎儿部位、姿势。

（5）正确掌握鉴别产道内胎儿死活的方法。

（6）严格掌握接产过程中的卫生与消毒措施。

（7）加强个人卫生防护，接产时懂得佩戴防护用具。

（二）接产准备工作

接产人员在奶牛临产前10多天要注意观察奶牛体态和行为的变化情况，并要在奶牛临产前1周左右准备好产房、接产用具和有关药品，如肥皂、毛巾、剪子、绷带、水桶、脸盆、刷子、碘酒、70%酒精棉球、高锰酸钾、消毒粉或消毒液（来苏儿）等。产房要求宽敞、清洁、保暖，无贼风眼或贼风洞，地面上要铺以清洁、干燥和柔软的垫草，奶牛在临产前1周就要转入产房待产。

（三）接产方法

（1）用洁净的毛巾浸泡0.1%新洁尔灭液擦洗临产母牛会阴和外阴部，使其干净、晾干。

（2）接产员密切关注分娩进展情况，记录奶牛进入分娩第二阶段的开始时间。当奶牛卧下不再起立时，说明胎头已经通过骨盆狭窄部，此时奶牛四肢伸直，腹肌强烈收缩。

（3）注意观察尿膜绒毛膜囊和羊膜绒毛膜囊的露出情况。在母牛怒责和阵缩作用下，在阴门外先露出尿膜绒毛膜囊，很快破裂流出褐色尿水。随后露出白色半透明的羊膜绒毛膜囊，破裂后流出淡白色羊水，此时可见胎儿的蹄部和胎头。

（4）注意观察阴门内最先出现的是胎儿的哪部分。一般正生时可看到两个前蹄和胎儿鼻端。倒生时可看到两后蹄和尾部，在胎儿大小正常情况下也可正常娩出，尽量避免人为干预。

（5）若胎膜破裂超过1h，还看不到胎儿蹄部，接产人员需要进行检查，确定不能顺产的原因，检查后发现异常情况要及时进行人工助产或剖腹产。

（6）犊牛娩出后，接产人员立即用手指伸入犊牛口腔内，清除口腔内的黏液，距离脐孔5cm处，用消毒的手术剪或消毒的手指断脐，然后用5%碘酊消毒脐带断端。

（7）让母牛舔干犊牛身上的黏液，有利于促进胎衣排出。也可用洁净的毛巾擦干犊牛身上的黏液。

（8）观察犊牛身体情况，对活力差的犊牛，采取相应措施进行救治。

（9）进行犊牛称重、编号、打耳标。

（四）产后牛的检查与处理

奶牛产犊后，接产员要进行必要的检查。

（1）产犊时有大出血的牛，要检查出血是否停止，精神状态如何，体温、心跳有无异常等，出现异常情况，应立即通知兽医进行诊治。

（2）检查产道有无损伤。尤其是分娩时间长的牛，由于羊水过早排出，产道黏膜过于干燥，容易出现产道撕裂创；子宫收缩力过强，产程过快、胎儿过大，也容易造成子宫颈、阴道撕裂。如果出现上述情况，应尽早消毒处理、缝合伤口。

（3）为促进新产牛子宫收缩与止血、胎衣排出，产后1h内可肌内注射缩宫素80~100IU。

（4）奶牛产后往往感到疲劳和口干，产后最好让奶牛饮一些温麸皮盐汤。配方是：麸皮1~2kg、食盐100~150g、温水3~5kg，调成稀粥状。奶牛饮温麸皮盐汤还可补充奶牛分娩时体内水分的消耗，帮助维持奶牛酸碱平衡，起充饥、暖腹、增加腹压和帮助恢复体力的作用。产后2h内口服钙制剂产品，预防产后瘫痪。

（5）产后子宫、阴道可能发生感染的牛，全身应用抗生素。产道有损伤或产后不能站立的牛，注射氟尼辛葡甲胺等非甾体抗炎药。

第五节　加快牛场扩群的方法

使用性控冻精和胚胎移植是奶牛场常用的扩群方法。

一、性控冻精

性别控制是指雌性动物通过人为地干预而繁殖出人们所期望性别后代的一种繁殖新技术。奶牛 XY 精子分离性别控制技术是指将牛的精液根据含 X 染色体和 Y 染色体精子的 DNA 含量不同而把这两种类型的精子有效地进行分离后，将含 X 染色体的精子分装冷冻后，用于牛的人工授精，而使母牛怀孕产母牛犊的技术；这种根据精子 X、Y 性染色体的不同而分装冷冻的冻精就叫性控冻精。

（一）流式细胞仪 XY 精子分离原理

由于 X 和 Y 精子 DNA 含量存在差异，X 精子 DNA 含量比 Y 精子多 4%，通过使用一种荧光染料 HOECHST 33342 与精子 DNA 结合着色，利用染料着色的差异，通过激光照射后，利用探测器检测和计算机分析、识别这种荧光及其差异。当液体流出流式细胞仪时，就会被振荡器击成分别携带 X 和 Y 精子的小液滴。如果液滴被计算机分析含有 X 精子，就加载上正电荷；如果液滴含有 Y 精子，就加载上负电荷。如果液滴没有被识别出含有精子或含有多个精子、受损伤精子以及不能区别出含 X 或是 Y 的液滴，就不加载电荷。当含 X 或 Y 精子的液滴从流式细胞仪的喷嘴流出时，会通过高压电场，这样携带不同电荷的液滴在电场作用力的引导下，落入左右两旁的收集容器中，X 精子和 Y 精子得以分离。

（二）性控冻精的特点

（1）解冻后精子活力要比常规冷冻精液高，其原因是死精子和部分畸形精子在分选时被筛除；

（2）性控冻精细管分装精子的密度低于普通冻精（性控精液：230 万个/0.25ml，普通精液 ≥ 1 000万个/0.25ml）；

（3）奶牛含 X 染色体性控冷冻精液的存活时间相对于常规冷冻精液要短。

（三）输精操作要点

1. 配种时间

使用性控冻精配种时，配种时间尽量控制在排卵前 6h 之内或排卵后 4h 之内。

2. 解冻

从液氮罐中取冻精时，提漏中的冻精不可超过液氮罐口，如果 10s 内还没有将冻精取出，应将冻精立刻沉入液氮中然后再提到罐口重复操作；单支冻精取出后在空气中先停留 5s 左右，然后放入 38℃左右清水中 10s 后取出，用干脱脂棉擦干后剪断封口，装入输精器准备输精。

3. 输精部位

为提高性控冻精的受胎率，一般把精液注在排卵侧子宫角前 1/3 处。

4. 使用方法

使用性控冻精时，尽量缩短解冻与输精之间的时间，最好是解冻一支输一支。

5. 配种母牛检查

对于已经参加配种的牛只，在 8h 之内进行第二次直肠检查卵泡；如果已经确认排卵，做好配种记录；没有排卵的参配牛只采取补救措施，直肠检查推断排卵时间后再进行第二次输精。

6. 输精母牛的选择

最好选择 15 月龄以后且体重达到 350kg 的育成母牛，因为育成牛生殖机能旺盛，子宫环境好，有利于受胎。如果选择经产牛，必须是体况良好、发情周期正常、没有繁殖疾病的健康母牛。

二、胚胎移植

胚胎移植是将一头良种母畜配种后形成的早期胚胎取出，移植到另一头（或几头）同种的、生理状态相同的母畜生殖器官的相应部位，使之继续发育成为新的个体，也有人通俗地称之"借腹怀胎"。奶牛的人工授精，特别是冷冻精液的普及是奶牛繁殖技术的一次重大革命，对全世界奶牛业的发展和效益的提高起到了重要的推动作用。而奶牛胚胎移植是继人工授精之后奶牛繁殖技术的又一次革命，使优良公、母牛的繁殖潜力得以充分发挥，极大地增加了优秀个体的后代数。以新鲜胚胎移植为例，主要包括：供体和受体母牛的选择、供体与受体的同期发情、供体超数排卵与人工授精、胚胎的采集、胚胎检查和鉴定、胚胎移植、受体的妊娠诊断等。

（一）供体牛的选择

供体牛应有重要育种价值，需要进行系谱、生产性能和体型外貌鉴定的选择。应选择产奶量高、乳脂率高、乳蛋白率高的母牛做供体，还应具有良好的繁殖能力，如易配易孕、没有遗传缺陷、无难产或胎衣不下等，性周期正常，发情症状明显；体质健壮、健康无病。

（二）受体牛的选择

受体可选用非优良品种的个体，但应具有良好的繁殖性能和健康状态，体型中上等等。

（三）同期发情

同期发情是对群体母牛采取措施，使其发情相对集中在一定时间范围的技术，通常能将发情集中在处理后的 2~5 天内。在同期发情处理方法中，比较常用的是孕激素埋植物埋植法、孕激素阴道栓塞发和前列腺素法。

（四）供体超数排卵

在母牛发情周期的适当时间，施以外源性促性腺激素，使卵巢中比自然情况下有较多的卵泡发育并排卵，这种方法称为超数排卵（简称超排）。用于超排的激素主要有促卵泡素 FSH、孕马血清 PMSG、前列腺素 PGF2α、促黄体素 LH、孕激素、促性腺激素释放激素 GnRH。

（五）供体人工授精

超排处理后，要密切观察供体发情症状，一般多在超排处理结束后 12～48h 发情。在观察到第一次接受爬跨站立不动后 8～12h 第一次输精，以 8～12h 间隔再输精一次，每次输入正常人工授精输精量的 2 倍。

（六）胚胎的采集

胚胎的采集业称为采胚、冲胚。利用冲卵液将胚胎由生殖道（输卵管或子宫）中冲出，并收集在器皿中。胚胎采集有手术和非手术两种方法。前者适用于各种家畜，后者仅适用于牛、马等大家畜，且只能在胚胎进入子宫角以后进行。目前，奶牛主要采用非手术法采集胚胎，一般在配种后 6～8 天进行。

（七）胚胎检查和鉴定

胚胎检查是指在立体显微镜下从冲卵液中寻找胚胎。胚胎鉴定是将检查的胚胎应用各种手段对其质量和活力进行评定。回收的冲卵液集中在长形玻璃筒内，静置 30min，使胚胎沉淀于底部，然后用虹吸法慢慢吸出上面的冲卵液，剩下 100ml 分两次进行镜检寻找胚胎。镜检时先用 12 倍镜寻找，当看到胚胎后再用 62 倍镜仔细观察其形态，正常发育的胚胎卵裂球外形整齐、大小比较一致，分布均匀，外膜完整，而未受精卵和异常无卵裂现象的卵外膜破裂。

（八）胚胎移植

一般采用非手术法进行移植，操作环节与人工授精相似，胚胎输送的部位是受体牛黄体侧子宫角深部。胚胎移植成功的根本条件是供体牛和受体牛具备相同的生理期，一般是将供体牛发情配种后第 7 天的胚胎移植到发情后的 6 ~ 8 天的受体牛体内。

（九）受体的妊娠诊断

胚胎移植后，为了确定受体牛妊娠情况，一般对移植后不发情的母牛，采用直肠检查法或超声波诊断法进行妊娠诊断。供体牛下次发情可配种或停配 2 ~ 3 个月再作供体；受体牛如发情，说明移植失败，应查明原因。

第六节 提高繁殖力的措施

一、选用优质牛冷冻精液

在奶牛繁殖配种过程中，从具有良种牛及冷冻精液生产资质的机构或企业选用优质牛冷冻精液，是保证奶牛繁殖力的重要前提。人工授精前要对冷冻精液解冻后的活力、密度等进行检验，以确保使用合格冻精。

二、提高母牛受配率和受胎率

（1）缩短产后第一次发情间隔。诱导母牛在哺乳期或断奶后正常发情排卵，对于提高奶牛受配率、缩短产犊间隔或繁殖周期具有重要意义。在正常情况下，奶牛可在哺乳期发情排卵。但在某些情况下，有的在产后 2 ~ 3 个月甚至更长时间仍无发情表现，因而延长产犊间隔，降低繁殖力。影响产后第一次发情的因素很多，如哺乳、营养不良、生殖内分泌机能紊乱、生殖道炎症等。因此，要加强饲养管理，积极预防产后乏情。必要时，可根据情况应用促性腺素、前列腺素、雌激素等诱导发情。

（2）适时配种 正确的发情鉴定是确定适时配种或输精时间的依据。适时配种是提高受胎率的关键。在牛的发情鉴定中，目前普遍应用而且比较准确的方法还是通过直肠检查，触摸卵巢上的卵泡发育情况。人工授精过程中，要注意精液解冻和输精器械的洗涤和消毒，输精器械洗涤消毒后，要烘干或用生理盐水冲洗，防止输精器内壁黏附的水分降低精液渗透压。所以，严格执行人工授精技术操作规程，是提高奶牛情期受胎率的基本保证。

（3）治疗不孕症 不孕症是引起母牛情期受胎率降低的重要原因。引起奶牛不孕的因素很多，但其中最主要的因素是子宫内膜炎和异常排卵。而胎衣不下时引起子宫内膜炎的主要原因。因此，从奶牛分娩开始，要重视产科疾病和生殖道疾病的预防，对于提高情期受胎率具有重要意义。

三、降低胚胎死亡率

胚胎死亡率与奶牛年龄、饲养管理和环境条件等因素有关。在正常配种或人工授精条件下，是情期受胎率降低的主要原因是胚胎早期（配种后 21 天内）死亡。通常，牛胚胎死亡率一般可达 10%~30%，最高达 40%~60%。因此，降低胚胎死亡率是提高奶牛繁殖率的又一重要措施。

四、推广应用繁殖新技术

大力推广应用冷冻精液人工授精技术，提高优秀种公牛的利用效率。尤其进一步提高牛冷冻精液的受胎率。在提高良种母牛繁殖利用效率的新技术方面，主要有超数排卵和胚胎移植技术（MOET）、胚胎分割技术、卵母细胞体外成熟及体外受精技术、性别控制技术等。这些技术研究已经取得显著成果，并在一定范围得到推广应用。尤其胚胎移植技术目前进展较快，已经进入产业化阶段。但由于这些技术比常规技术成本高，要求条件高，推广应用范围受到一定限制。所以应用这些繁殖新技术最好与育种技术结合起来，即应用这些新技术培育良种核心群，提高优秀种公、母牛繁殖效率，以提高奶牛生产的经济效益，从而才能进一步推动这些繁殖新技术的推广应用。

五、控制繁殖疾病

母牛繁殖疾病主要有卵巢疾病、生殖道疾病、产科疾病三大类。卵巢疾病主要通过影响发情排卵而影响受配率和配种受胎率，某些疾病还可以引起胚胎死亡或并发产科疾病；生殖道疾病主要影响胚胎的发育与成活，其中一些还可以引起卵巢疾病；产科疾病轻则诱发生殖道疾病和卵巢疾病。重则引起母牛的犊牛死亡。因此，控制母牛繁殖疾病，对于提高奶牛繁殖力具有重要意义。

第五章 奶牛饲料

饲料是奶牛赖以生存的物质基础，奶牛利用饲料的养分维持生命并在体内转化为牛奶，饲料种类、品质的好坏决定了奶牛的健康、牛奶的品质和产量。只有了解饲料的营养特性才能科学合理地组织奶牛日粮，从而达到保证奶牛健康、降低生产成本、提高生产性能、生产优质牛奶、增加经济效益的目的。

第一节 奶牛饲料的分类

奶牛饲料有很多分类方法，其中较常用的有根据饲料的国际分类原则分类和根据生产实践分类。在了解奶牛饲料分类之前，我们先来介绍一个名词：干物质。

一、名词解释

干物质：是饲料学、植物生理学、营养学中的一个术语，是指有机体在 $60 \sim 90℃$ 的恒温下，充分干燥，余下的有机物的重量，是衡量植物有机物积累、营养成分多少的一个重要指标。饲料的干物质含量是指饲料中所包含的干物质的量，可理解为饲料除去水分后所剩物质的含量。

二、根据国际分类原则分类

根据饲料的国际分类原则，所有饲料可分为八大类。

（一）粗饲料

粗纤维不低于 18%，能量价值低的饲料都属于此类。包括豆科、禾本科牧草、秸秆、秕壳等。

（二）青绿饲料

含水量高（60%以上），粗纤维比第一类少，某些维生素含量较高，粗蛋白按干物质计，含量也较高。如天然牧草、栽培牧草、青刈饲料作物。

（三）青贮饲料

含水量在 45%~50% 以上，经过可贮藏处理的饲料均属此类。如玉米秸秆青贮、玉米全株青贮。

（四）能量饲料

粗蛋白低于 20%，粗纤维低于 18% 的饲料都包括在这一类中。例如，谷类及其加工副产品（玉米、麸皮）、块根块茎、糖蜜等。

（五）蛋白质饲料

粗蛋白不低于 20%，粗纤维低于 18% 的饲料都属于这一类。如鱼粉、肉粉、豆类、油菜籽及其饼粕等。

（六）矿物质饲料

如食盐、磷酸氢钙、石粉等。

（七）维生素饲料

指单项维生素、复合维生素等。

（八）添加剂

主要指非营养性添加剂。

三、根据生产实践分类

在生产中，人们习惯将奶牛饲料分为粗饲料和精饲料。

（一）粗饲料

粗饲料是指容积大，能够使奶牛产生饱感的饲料。包括国际饲料分类中的粗饲料、青绿饲料、青贮饲料。奶牛场四季常用粗饲料主要有青贮饲料、青干草。

（二）精饲料

严格来讲应该叫精料补充料，是指容积小、含营养成分（如能量、蛋白等）高的饲料，包括单一的饲料原料，也包括由单一饲料原料按比例配制而成的配合饲料。国际饲料分类中的能量饲料、蛋白质饲料、矿物质饲料、维生素饲料、添加剂都属此类。

在现代奶牛生产中，青贮饲料、青干草、精饲料是奶牛场日常必备的饲料。

第二节　粗饲料

一、青贮饲料

青贮饲料是牛场最为主要的粗饲料来源，它是将新鲜的天然植物性饲料（青刈饲料作物、牧草、野草及收获子实后的玉米秸和各种藤蔓等）切碎、压实、封严，隔绝空气，经微生物（主要是乳酸菌）的发酵作用，制成一种具有乳酸气味、适口性好、营养丰富的饲料。

（一）青贮饲料的主要特点

1. 青贮饲料能有效保存青绿植物的养分

一般青绿植物，在成熟晒干之后，营养价值降低约30%~50%，但青贮后只降低3%~10%，可基本保持饲料原料青饲料的特点。青贮饲料尤其能有效地保存青绿植物中蛋白质和维生素（胡萝卜素）。

2. 青贮饲料适口性好，消化率高

青贮饲料气味酸香，柔软多汁，颜色黄绿，适口性好，是奶牛的主要饲料，可作为日粮的一部分或日粮中唯一的粗饲料。青贮过程中，由于乳酸菌的作用，将青贮原料所含的部分蛋白质转化为菌体蛋白，使菌体蛋白含量增加20%~30%，使青贮饲料蛋白质质量提高，同时由于秸秆变软、变熟，增进了食欲，提高了采食量和消化率。

3. 青贮饲料可以长期贮存不变质

在我国北方，只要青贮方法正确，原料优良，青贮设施不漏气、不渗水，并且管理严格，青贮饲料可贮存20~30年，其优良品质保持不变。有足量的青贮饲料，就能保证奶牛常年都能采食青绿多汁饲料，从而能常年保持较高的营养水平和生产水平。

4. 青贮饲料占地少，节省空间

青贮饲料单位容积存储量比干草大，可节省存放空间。$1m^3$青贮料重量为450~700kg，其中，含干物质为150kg，而$1m^3$干草重量仅70kg，含干物质不到60kg。1t青贮苜蓿占地$1.25m^3$，而1t苜蓿干草则占地$13.3~13.5m^3$。在存贮过程中，青贮饲料不受风吹、日晒、雨淋的影响，也不会发生火灾等事故。

（二）青贮饲料的原理

利用乳酸菌等微生物的生命活动，通过厌氧呼吸过程，将青贮原料中的碳水化合物（主要是糖类）变成有机酸（主要是乳酸），使青饲料的pH值降到4.0~4.2以下，杀灭或抑制了其他有害杂菌的活动，抑制了有害细菌的生长，乳酸不断积累，使酸度进一步增强，pH值达到3.8以下，乳酸菌本身活动也被抑制，从而达到长期贮存饲料的目的。

（三）青贮饲料原料及选择

1. 青贮饲料原料的种类

青贮饲料的原料来源广泛，除了专门种植的青贮玉米、青贮高粱等作物外，栽培牧草、野草、农作物秸秆、块根块茎等也可进行青贮。目前，北方奶牛场常用的青贮原料为青玉米秸秆，条件好的牛场使用专门种植的青贮玉米进行全株青贮。

2. 青贮饲料原料的选择

能否正确选择青贮原料，关系到青贮饲料制作的成败及青贮饲料的品质。青贮饲料原料的选择应因地制宜、因时制宜，但总的来说应遵循以下原则。

（1）适量的碳水化合物。碳水化合物是乳酸菌作用的主要养分来源，青贮原料中含糖量不应少于1.0%~1.5%，否则影响乳酸菌的正常繁殖，青贮饲料的品质难以保证。用含碳水化合物较多的原料如青玉米秸、青高粱秸、甘薯蔓等进行青贮效果较好；而含蛋白质较多、碳水化合物较少的青豆秸等青贮时，须添加5%~10%的富含碳水化合物的饲料，以保证青贮饲料的品质。

（2）适量的水分。青贮原料水分不足，青贮时难以压实，空气排不净时往往使腐败菌和真菌大量繁殖，青贮设施内温度升高，养分损失较多。一般青贮原料含水量应在65%~75%，即粉碎后原料攥于手中，有水渗出但不形成水滴为宜；原料粗老时不宜青贮，若要青贮须加水使水分含量提高至78%~82%。

（四）青贮的方式

目前，奶牛场常用的青贮方式主要有以3种。

1. 地下青贮

青贮窖主要在地下（图5-1）。优点是技术上易操作、好压实，缺点是取用费力，费工时，浪费人力，雨季易灌水造成青贮腐败浪费，甚至造成青贮窖坍塌。

2. 半地下青贮

青贮窖一部分在地下，一部分在地上。优缺点与地下青贮基本相同。

3. 地上青贮

青贮窖或场在地面之上（图5-2）。优点是取用省力，雨季不易灌水，浪费少；青贮场只需打一坚实地面即可，造价较低，且经久耐用。缺点是不方便压实。目前，发达国家几乎全部采用的是地面场式青贮，我国也逐渐得到推广。

4. 拉伸膜裹包青贮或袋贮

方法是将青贮原料用打捆机打好捆，然后用青贮专用膜或青贮裹包网包好；贮量大应选大的打捆机和裹包网包贮。此方法特点是方便存放（图5-3），但成本较高。此方法在美国、欧洲及日本等发达国家使用较广泛。袋贮是用特制的袋子进行青贮。

图5-1 地上青贮

图5-2 地下青贮

图5-3 拉伸膜裹包青贮

（五）青贮的制作

1. 青贮饲料的制作

青贮饲料制作成功的关键：是要切碎、压实、密封，以最短时间完成整个青贮过程，隔断青贮原料与空气的接触，快速为乳酸菌发酵创造一个厌氧环境。

（1）切短青贮原料。青贮原料如果是全株玉米或玉米秸，应切成1cm左右，最长不超过2cm；白薯秧应铡成5~10cm。将青贮原料铡短，便于充分压紧、排出空气，取用比较方便，同时也提高了青贮饲料的利用率。

（2）原料的装填。装填原料的速度要快，时间过长，原料与空气接触，嗜氧菌滋生，使原料发热，手伸入其中会感觉烫手，这是原料中营养被消耗流失的过程，所以完成整个青贮过程的时间越短越好。最好1~2天内将全部原料装在窖内并封好，最多不要超过3~4天。装填时应采用逐层分段摊平压实的方法。每层都要将原料压实，以减少与空气接触的时间，保证其质量。装料前，要保证窖底和四壁不漏气。需要再次强调的是：装填超过1天的青贮窖，必须进行分段装填压实，而且是装满一段封严一段。目的在于尽可能减少原料与空气的接触面和时间，防止嗜氧菌滋生，使原料发热，造成营养的过多流失或腐败。

（3）压实。将青贮料压实，是保证青贮饲料质量的重要一环。大型青贮窖最好用履带式拖拉机或大型铲车压实，每装入30~50cm厚的原料就要压一次。小型青贮窖可用人工踏实，每装入10~15cm厚踏一次。要特别注意窖边、角部位的压实（图5-4）。

图5-4　青贮压实

图 5 - 5　地上青贮的封盖

（4）封埋。将青贮原料装满窖后，在原料上面盖上一层碎草，在碎草上面铺盖塑料布后盖土封埋。盖土的厚度要根据气温而定，北方要适当厚些，盖土后要踩实，以防止漏气。在窖的四周还应挖排水沟，以利排水。封土后 3 ~ 5 天饲料下沉，盖土会出现裂缝或凹坑，应及时覆盖新土以填补，大约 30 ~ 40 天后便可开窖使用。对于地上青贮，也可利用塑料布和废旧轮胎来封盖（如图 5 - 5）。

2. 青贮过程中应注意的问题

（1）青储窖要注意边角的压实。

（2）要注意防水。一是青贮周围必须要封严，要便于走水，防止雨水顺边缝灌水。二是青贮封顶后必须是顶部平滑，防止积水渗漏。

（六）青贮饲料的品质鉴定

1. 感官鉴定

青贮料的感官评定是从色、香、味和质地结构来决定它的品质。

（1）优良。颜色呈黄绿色或青绿色，有光泽；气味芳香，酸味较浓；表面湿润、紧密，茎叶花保持原状，容易分离。

（2）中等。颜色呈黄褐色或暗褐色；有刺鼻酸味，香味很淡；茎叶花部分保持原状、质地柔软，水分较多。

（3）劣等。颜色呈黑色或褐色；具有特殊刺鼻腐臭味或霉味，酸味很淡；腐烂呈污泥状，黏滑结块，无结构。

2. 实验室鉴定

青贮料实验室评定的项目，可根据需要而定，一般先测定

pH 值、氨量，进一步测定其各种有机酸和营养成分含量。

（1）pH 值。优良青贮料为 4.0～4.5，中等质量青贮料为 4.6～5.0，劣等青贮料为 5 以上。

（2）含酸量。优良的青贮料中游离酸约占 2%，其中，乳酸占 1/2～1/3，醋酸占 1/3，不含酪酸；劣等的青贮料含有酪酸，具恶臭味。

（3）氨态氮。正常青贮料中蛋白质只分解至氨基酸，氨存在则表示有腐败现象，氨态氮的含量越高，青贮饲料的品质就越差。

（七）青贮饲料的取用

取用青贮饲料应分段开窖，从上到下，垂直取用，界面要整齐（图 5－6），每天取用厚度不少于 20cm，如有条件，可以用青贮取料机取用（图 5－7），但要防止界面不整，坑洼不平（图 5－8），坚决杜绝挖坑、掏洞。取后应立即用塑料薄膜压紧，减少空气接触，防止"二次发酵"。

图 5－6　青贮的取用

饲喂青贮时，喂量由少至多，现取现喂，喂多少，取多少。青贮饲料饲喂时应讲究与青干草和精料搭配使用，有条件

图5-7 青贮的取料机

图5-8 取料界面不平整

的牛场可与精料、干草混在一起做成全混合日粮饲喂。青贮饲料大约3kg可代替干草1kg，每100kg体重饲喂青贮饲料量为5~6kg。一般1头产奶牛平均每天可饲喂青贮饲料25kg，日产奶量在30kg以上的牛每天可饲喂青贮饲料30kg，产奶量在20kg以下的牛每天可饲喂青贮饲料15~20kg，干奶牛每天可饲喂青贮饲料10~15kg。冰冻、发霉、有异味的青贮饲料不允许饲喂奶牛。

二、青绿饲料

青绿饲料是指天然水分含量在60%以上的新鲜饲草，以富含叶绿素而得名，包括草地青草、田间杂草、天然牧草、栽培牧草、青饲作物、叶菜类饲料、树枝树叶类及瓜果类。

（一）青绿饲料的营养特点

青绿饲料粗蛋白质含量较高，品质优良，尤其含有对泌乳家畜特别有利的叶绿蛋白；粗纤维含量低，为15%~30%；木质素少，无氮浸出物较高，为40%~50%；钙磷比例适宜，约为2：1；含有各种维生素，特别含有丰富的胡萝卜素（50~80mg/kg）、丰富的B族维生素以及较多的维生素C、维生素E、维生素K等；含有各种必需氨基酸，尤其赖氨酸和色氨酸含量较高，生物学价值高达80%，对奶牛生长、繁殖和泌乳都有良好的作用；青绿饲料幼嫩多汁，适口性好，含有各种酶和有机酸，易于消化，有机物消化率为 75%~85%，是奶牛的理想饲料。

（二）几种青绿饲料特性与利用

奶牛常用的青绿饲料主要有紫花苜蓿、羊草、黑麦草、青贮玉米等青饲作物。

1. 全株青贮玉米

传统意义上的全株青贮玉米是以生产鲜秸秆为主，为奶牛重在提供的是粗纤维饲料；而现在理念上的全株青贮是以收获干物质和能量为主，理念上的更新，使得人们在全株青贮玉米品种的选择、收获期方面有了很大的不同。

（1）品种的选择。全株青贮玉米品种很多，有进口的、有国产的，共有几十种，如何选择优秀的品种，应重点从以下几方面考虑。

①籽粒产量高：因为全株青贮玉米的能量 65% 来自于籽粒，一个好的青贮品种必须是一个好的粮食（谷粒）品种，但不是每个好的粮食品种都是好的青贮品种。

②全株干物质产量高：选择植株高的，一般 2.5~3.5m，最高可达 4m，中等地力条件下一般全株产量 3~4t；普通籽实用玉米只有 2.5~3.0t。种植 2~3 亩青贮玉米即可解决一头高产奶牛全年的青粗饲料供应。

③抗倒伏能力强：平均倒折率≤10%，倒伏率高会造成产量下降。

④对当地常见病虫害具有较好抗病力。

⑤品质的选择：重点选择蛋白、脂肪、淀粉、可消化粗纤维含量高的品种。

（2）收获期。过去认为，全株青贮玉米在籽粒乳熟末期至蜡熟前期收获最佳；现在认为在蜡熟期收获最好，主要目的是使籽粒沉积更多的淀粉增加全株玉米干物质收获量。实际当中玉米籽粒乳线或是掐不动部分达到 2/3~3/4 时收获最好如图 5-9 中的 R5，此时全株干物质含量一般可达 35% 以上。乳线是指灌浆完成和没完成部分的交线，见图 5 – 9，籽粒乳线达 1/2 以上时，需用可把籽粒碾碎的专用收割设备，如果设备达不到要求，收割期可以适当提前，一般乳线达到 1/3 以上就可收割，这时全株干物质一般可达到 28% 以上。由于全株玉米青贮是带穗青贮，为了防止大段玉米出现，收割时要尽可能切碎切短，长度尽可能设定在 1cm 以下。

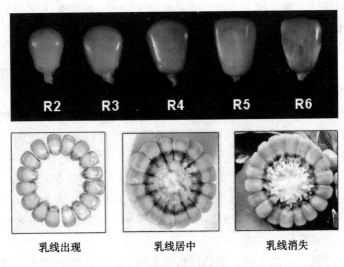

乳线出现　　　　　乳线居中　　　　　乳线消失

图 5 – 9　乳线示意图

由于全株青贮玉米较好的保存了秸秆和籽实中的营养，所以，对提高奶牛产奶性能效果非常明显，与去穗玉米青贮（人们常说的黄贮）相比一般每日能提高奶牛产奶量 2～5kg。

（3）青贮玉米的种植技术。

①播种时间：分春播和夏播，春播分早、中、晚熟品种，生长期分别为 80～100 天、100～120 天、120～150 天，对应的积温依次为 2 000～2 300℃、2 300～2 500℃、2 500～2 800℃。夏

播也分早、中、晚熟品种，生长期分别为 70~85 天、85~95 天、96 天以上，对应的积温依次为 1 800 ~ 2 100℃、2 100 ~ 2 300℃、2 300℃以上。

②种植方法：进行深松，增强土壤蓄水保墒的能力。土壤深松的特点是不翻转土壤，打乱耕作层，只对土壤起到松动作用。播前旋耕，提高出苗率；有机质含量丰富的地块有利于获得高产。

③播种量：若采用精量点播机播种，播种量为 2 ~ 2.5kg/亩，若采用人工播种，播种量为 2.5 ~ 3.5kg/亩。

④种植密度：合理密植有利于高产，每亩一般在 4 000 ~ 6 000 株，不同品种有所差异。

⑤田间管理：与大田作物管理方法相同，需要进行浇水、除草、间苗、施肥及中耕等。

2. 紫花苜蓿

紫花苜蓿为豆科牧草，是我国最古老、最重要的栽培牧草之一，其特点是产量高，品质好，适应性强，是最经济的栽培牧草，称为"牧草之王"（图 5 - 10）。紫花苜蓿的营养价值很高，初花期收割，干物质中粗蛋白质含量为 20%~22%，产奶净能 5.4 ~ 6.3MJ/kg，钙 3.0%，而且必需氨基酸组成合理，赖氨酸含量高达 1.34%。紫花苜蓿含有丰富的维生素与微量元素，其中含胡萝卜素可达 161mg/kg。紫花苜蓿的营养价值与刈割时期的选择有很大关系，刈割时期应根据产量、叶茎比，总可消化物质含量、对再生草的影响、及单位面积获得的总的营养物质产量等因素来选择。大量研究表明，紫花苜蓿的最适刈割期是在第 1 朵花出现至 1/10 开花。蕾前或现蕾期刈割，蛋白质含量高，但产量较低，且根部养分蓄积少，影响再生能力。紫花苜蓿为再生性很强的多年生牧草，在华北地区能刈割 3 ~ 4 茬，而山西在有灌水条件下能刈割 4 ~ 5 茬，南京可刈割 5 ~ 6 茬。在国外水肥条件好、气候适宜有 10 茬的记录，在中国第一茬产量高，占总产量的 50%~55%，第二茬占 20%~25%，第三茬占 10%~15%，第四茬在 10% 左右；其利用年限一般在 4~5 年，以第 3~4 年产草量最高。紫花苜蓿的利用方式有多种，可青饲、放牧、调制干草或青贮。

苜蓿等豆科牧草含有皂角素，有抑制酶的作用，奶牛大量采食鲜嫩苜蓿后，可在瘤胃内形成大量泡沫样物质，引起鼓胀。在饲喂鲜苜蓿前喂以干草，鲜苜蓿上露水未干不进行饲喂。要控制每天喂鲜苜蓿的数量，每头成年奶牛饲喂鲜苜蓿每天不超过 15kg，青年牛每天饲喂不超过 10kg。

图 5-10　紫花苜蓿

3. 羊草

羊草又名碱草（图 5-11），为多年生禾本科牧草。羊草茎秆细嫩，叶量丰富，适口性好，为各种家畜喜食。干物质中粗蛋白质的含量为 13.5%~18.5%，无氮浸出物为 22.6%~44.5%。羊草可用于青饲、放牧、青贮、调制干草。用羊草调制的干草、颜色浓绿，气味芳香，是奶牛冬季的优质饲草。成年奶牛饲喂鲜羊草每天不超过 15kg。

4. 黑麦草

黑麦草（图 5-12）属有 20 多种，其中有饲用价值的是多年生黑麦草和一年生黑麦草，我国南北方均有种植。饲用黑麦草生长快，分蘖多，一年可多次收割，叶量大，产量高，草质幼嫩多汁，适口性好，可青饲、放牧或调制干草。新鲜黑麦草干物质含量约 17%，粗蛋白质 2.0%，产奶净能为 1.26MJ/kg。

图 5 – 11 羊草

图 5 – 12 黑麦草

5. 无芒雀麦

无芒雀麦又叫无芒草，禾萱草，适应性强，适口性好，茎少叶多，营养价值高，抽穗期茎叶干物质含粗蛋白质 16.0%，粗脂肪 6.3%，粗纤维 30.0%，无氮浸出物 44.7%，粗灰分 7.0%，还有丰富的钙磷成分。无芒雀麦有地下茎，能形成絮节草皮，耐践踏，再生力强，青饲或放牧均可。

6. 大麦

大麦别名牟麦、饭麦、赤膊麦（图 5-13），拉丁文名：Hordeum vulgare L. 禾本科、大麦属一年生禾本、秆粗壮，光滑无毛，直立，叶鞘松弛抱茎，多无毛或基部具柔毛；两侧有两披针形叶耳；叶舌膜质，具坚果香味，碳水化合物含量较高，蛋白质、钙、磷含量中等，其籽粒的粗蛋白和可消化纤维均高于玉米。大麦具有早熟、耐旱、耐盐、耐低温冷凉、耐瘠薄等特点，我国各地都有种植，籽实主要做啤酒用。在欧洲、北美等发达国家和澳大利亚，都把大麦作为牲畜的主要饲料，大麦在灌浆期收割可做青贮用，也可调制成干草用。

7. 草木樨

草木樨属全世界约有 20 种，分布于北半球的温带或亚热带，我国有 6 种，在北方以种植白花草木樨为主，它是一种优良的豆科牧草。白花草木樨适应性很强，耐旱、耐寒、耐盐碱、耐贫瘠，可改良土壤。白花草木樨营养价值较高，可青饲、调制干草、放牧或青贮。新鲜的草木樨，干物质含量约为 16.4%，粗蛋白质 3.8%，粗纤维 4.1%，钙 0.22%，磷 0.06%。白花草木樨含有较高的香豆素，有苦味，适口性差。若贮存不当，发霉后，香豆素会变为双香豆素（出血素），其结构与维生素 K 相似，二者具有拮抗作用。奶牛采食了霉烂草木樨后，遇到内外创伤，血液不易凝固，有时会因出血过多而死亡。减喂、混喂、轮换喂可防止出血症的发生。

8. 杂草

杂草是指田间地头或山上生长的野草，其种类繁多，营养多

图 5-13 大麦

样，含水量较高，平时不为人们所注意，在奶牛饲养中可以适当利用。杂草可以青饲也可以调制成干草使用，但需要注意的是，使用前应将其中有毒有害的植物清除，青饲时喂量不宜过大，饲喂后应观察奶牛反应。

（三）使用青饲料注意事项

1. 合理饲喂

当奶牛日粮由其他草更换为青草时须有 7~10 天的过渡期，即每天逐渐增加青草饲喂量，不要突然大幅更换，否则容易造成牛拉稀，妨碍产奶与增重，甚至引起鼓胀，造成死亡，建议在饲喂青绿饲料前应先喂一定量的干草。鲜草饲喂量按干物质折算，每天不能超过日粮干物质的 20%。

2. 妥善保管

收割后的牧草不能堆置，应摊开晾晒，厚度应小于 20cm，

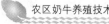

以免发热霉变，暂时吃不完的要调制成干草。

3. 营养平衡

青饲料的营养价值受土肥、收获期、气候等因素的影响。土壤地区性缺乏微量元素会使青饲料中缺乏而造成奶牛某些微量元素缺乏症，如内陆地区土壤缺碘易引起奶牛甲状腺肿，又如东北土壤缺硒易引起奶牛白肌病；收获过晚，粗纤维含量高，消化率下降；多雨地区土壤受冲刷钙质易流失，饲料中钙含量低；所以应当注意使用青饲料的营养平衡，适时收割，并有针对性的在饲料中补充矿物质饲料及微量元素添加剂。

三、干草

干草是指以细茎的青草或其他青绿饲料植物在结籽之前收割其全部茎叶，经自然或人工干燥而制成的一类饲料。由于其是由青绿植物制成，在形成干草后仍保留一定青绿颜色，故又称为青干草。优质青干草颜色青绿、质地柔软、有芳香味、适口性好，可满足奶牛维持和部分产奶的需要，是奶牛最重要的饲草。

（一）常用的干草饲料的特点

干草对奶牛有着重要的营养功能，犊牛早期饲喂干草能促进瘤胃发育；高产奶牛饲喂适量干草，可减少醋酮症与真胃变位的发病率，并能提高乳脂率。粗饲料中以（青）干草的营养价值最高，粗蛋白质、粗纤维、胡萝卜素、维生素 D、维生素 E 及矿物质含量丰富。豆科干草含粗蛋白质为 10%~22%，禾本科干草为 6%~10%，而且消化率高，豆科干草含钙量较高为 1.5% 左右，禾本科干草含钙量仅为 0.2%~0.4%，各种干草的含磷量为 0.15%~0.3%。干草的营养价值取决于制作原料的植物种类、生长阶段与调制技术。就原料而言，由豆科植物制成的干草含有较多的粗蛋白质。而在能量价值方面，豆科草、禾本科草之间没有显著的差别，消化能约在 10MJ/kg 左右。就生长阶段而言，一般随着草的成熟其营养价值降低。拔节前的禾本科牧草和开花初期的豆科草收割、晒制后营养价值较高；草子成熟后晒制的质量最低，营养价值约相当于农作物的秸秆。目前，干草中最常用作奶牛粗饲料的是苜蓿干草和羊草。

1. 苜蓿干草

优质的苜蓿干草颜色深绿，保留大量的叶、嫩枝和花蕾，而且具有特殊的清香气味，适口性好，既能满足高产奶牛日粮营养的需要，又能保证维持瘤胃正常机能所需最低限度的纤维。据测定，国内优质苜蓿干草中含粗蛋白 19.1%，粗纤维 22.7%，钙 1.40%，磷 0.51%，产奶净能 4.83MJ/kg。目前，国内苜蓿优质率较低，多数饲喂苜蓿的牛场都是采购的进口苜蓿，但进口苜蓿价格较高。从美国、加拿大等国的经验来看，苜蓿干草占日粮干物质的比例一般为 40～50%，产奶量可保持在 9t 以上。可见，适量饲喂苜蓿干草有助于提高产奶量，国内奶牛场可根据自身情况合理使用苜蓿干草。

2. 羊草干草

目前，牛场所用羊草多为东北羊草，东北羊草质量较好。据测定，东北羊草干草中含粗蛋白 7.4%，粗纤维 29.4%，钙 0.37%，磷 0.18%，产奶净能 4.23%。适量饲喂羊草干草有助于维持瘤胃正常机能，根据奶牛产奶量和饲料种类的差异，每头奶牛每天可饲喂羊草干草 5～10kg。

（二）干草的品质鉴定

干草品质的好坏，直接影响干草的营养价值和奶牛的采食量。在选用干草前，需要对干草的品质进行鉴定。在生产实践中，我们一般通过外观特征评定和实验室检测对干草进行品质鉴定。

1. 外观特征评定

主要是通过干草的植物组成、颜色、气味、含叶量、含水量来对干草品质进行评定，详见表 5-1。

表 5 - 1 干草品质鉴定标准

干草样品		一等草	二等草	三等草	四等草	五等草
植物组成（%）	豆科	≥20	15～19	10～14	5～9	≤4
	禾本科	≥60	40～59	20～39	10～19	≤9
	莎草科	≤1	2～3	4～5	6～7	≥8
	杂草类	≤1	3	5	7	≥9
	毒害草	≤0.1	0.3	0.5	0.7	≥1
颜色		鲜绿色	灰绿色	黄绿色	黄色	褐色
气味		芳香味	草味	无味	淡霉味	腐霉味
含叶量（%）		50～60	30～49	20～29	6～19	≤5
含水量（%）		15～16	17～18	19～20	21～22	23～25

2. 实验室测定

主要测定干草的化学组成，包括干物质含量（DM）、粗蛋白（CP）、粗脂肪（EE）、粗纤维（CF）、无氮浸出物（NFE）、粗灰分（CA）、中性洗涤纤维（NDF）、酸性洗涤纤维（ADF）和矿物质含量（钙、磷）等。利用饲料成分含量进而推算出可消化干物质（DDM）、干物质采食量（DMI）以及相对饲用价值（RFV），干草的相对饲用价值越高，说明干草的品质越好（表 5 - 2）。

可消化干物质 DDM（%）= 88.9 - 0.779ADF；

干物质采食量 DMI（%）= 120/NDF；

相对饲用价值（RFV,%）=（DDM × DMI）/1.29。

表 5 - 2 几种奶牛场常用干草的相对饲用价值

干草	干物质（DM），%	中性洗涤纤维（NDF），%	酸性洗涤纤维（ADF），%	可消化干物质（DDM），%	干物质采食量（DMI），%	相对饲用价值（RFV），%
国产苜蓿	91.46	60.34	44.66	54.11	1.99	83.47
羊草	92.96	70.74	42.64	55.68	1.69	72.95
玉米秸	91.64	79.48	53.24	47.43	1.51	55.51
小麦秸	94.45	78.03	72.63	32.32	1.53	38.33
谷草	90.66	74.81	50.78	49.34	1.60	61.20

（三）主要饲草的分布

饲草分布基本上以野生原种产地为轴心向周围辐射，辐射范围大小取决于自身对环境和土壤的适应能力、引种栽培历史、社会经济条件、生产技术水平和社会需求等因素。常用饲草中，紫花苜蓿起源于伊朗，已广泛传播于世界各地的温带气候区。我国有2000多年的栽培历史，由于气候条件适宜，西北、东北、华北等地区都有种植，尤其甘肃地区气候条件更为适宜。目前苜蓿的主要来源一是进口，主要来自美国和加拿大，2013年进口量达75万t；二是国产，主要产自内蒙古自治区、河北、天津、北京、辽宁、山西、宁夏回族自治区、甘肃、黑龙江、安徽、山东、陕西、河南等省、市、区，2013年全国苜蓿产量已超过80t，苜蓿的种植面积还在不断扩大。羊草主要分布在黑龙江、吉林、辽宁3省及内蒙古自治区东部。

第三节　精饲料

精饲料是饲喂奶牛的主要能量和蛋白质提供者，能量和蛋白质（特别是瘤胃非降解蛋白）是奶牛生产的主要限制性因素。泌乳牛的日粮中精料的用量应根据泌乳量和粗饲料品质而定。下面介绍几种常用的精饲料原料。

一、常用的精饲料原料

（一）能量饲料

1. 谷类子实

谷类子实干物质中70%~80%为无氮浸出物（主要是淀粉），粗纤维含量在6%以下，粗蛋白质含量在10%左右，蛋白质品质不高；脂肪含量少，一般为2%~5%，钙的含量少，有机磷含量多，主要以磷酸盐形式存在，均不易吸收。谷类子实含有丰富的维生素 B1 和维生素 E，但均缺乏维生素 D。谷类子实的适口性好，易消化，易保存。

（1）玉米。玉米是奶牛的主要能量饲料，号称饲料之王。它有如下特点：第一，有效能值高。玉米的产奶净能是 8.10MJ/kg，在谷实饲料中为最高。玉米的粗纤维很少，仅 2%，而无氮浸出物高达 72%，其有机物质消化率达 90%。玉米的粗脂肪含量较高，在 3.5%~4.5% 之间，是小麦和大麦的 2 倍，而粗脂肪的热能是碳水化合物的 2.25 倍。第二，玉米的亚油酸较高。亚油酸是必需脂肪酸，动物缺乏亚油酸时，生长受阻，皮肤病变，繁殖机能受到破坏，且亚油酸不能在动物体内合成，只能靠饲料提供。玉米含有 2% 的亚油酸，在谷实类饲料中含量最高。第三，玉米的蛋白质含量低，品质差。玉米的蛋白质含量较低，低于 10%，比小麦、大麦含量少，与高粱接近，其蛋白质中氨基酸组成不平衡，缺乏赖氨酸和色氨酸等必需氨基酸。第四，矿物质约 80% 存于胚部，钙非常少，只有 0.02%，磷约含 0.25%。第五，脂溶性维生素中维生素 E 较多，约为 20mg/kg，维生素 D 和维生素 K 几乎没有，黄玉米中含有较高的胡萝卜素。水溶性维生素中含硫胺素较多，核黄素和烟酸含量则较少。玉米适口性好，能量高，可大量用于奶牛的精料补充料中，但最好与糠麸类饲料并用，以防积食和引起鼓胀。饲喂玉米时，建议与豆类子实搭配使用，以达到营养平衡。

（2）蒸汽压片玉米。蒸汽压片玉米是通过蒸汽热加工使玉米鼓胀、软化，然后用机械压力剥离压裂这些已膨胀的玉米，使玉米加工成规定密度的薄片。蒸汽压片玉米可以提高奶牛对玉米淀粉的消化率，有利于瘤胃对蛋白质的吸收。蒸汽压片玉米含干物质 84.7%，粗蛋白质 8.7%。有研究表明，用蒸汽压片玉米饲喂奶牛，牛奶产量、奶中脂肪和蛋白质含量均有提高。与饲喂粉碎玉米相比，可提高产奶量 5%~6%，奶中蛋白质含量可提高

6.2%，脂肪含量可提高 7%。

（3）大麦。大麦是重要的谷物之一，全世界总量仅次于小麦、稻谷和玉米而居第四，作为食品的比例不高，半数用作饲料。大麦的蛋白质含量高于玉米，大麦赖氨酸含量接近玉米的 2 倍。大麦粗纤维含量高，为玉米的 2 倍左右，有效能值较低，产奶净能约为玉米的 82%。淀粉及糖类比玉米少，脂肪含量约 2%，为玉米的 50%，饱和脂肪酸含量比玉米高，亚油酸含量只有 0.78%。大麦所含的矿物质主要是钾和磷，其次为镁、钙及少量的铁、铜、锰、锌等。大麦含有丰富的 B 族维生素，包括维生素 B_1、B_2、B_3、和 B_6，维生素 B_5 含量较高，但利用率较低，只有 10%。脂溶性维生素 A、D、K 含量低，少量的维生素 E 存在于大麦的胚芽中。大麦含较多的粗纤维，质地疏松，是奶牛的优良精饲料，用以喂奶牛，能得到的高品质的牛奶和黄油。大麦进行压片、蒸汽处理可改善适口性及产奶效果，用微波以及碱处理可提高消化率。

2. 糠麸类

糠麸类饲料是谷物的加工副产品，制米的副产品称为糠，制粉的副产品称作麸。糠麸类是畜禽的重要能量饲料原料，主要有小麦麸、米糠、玉米皮等，其中，以小麦麸与米糠占主要位置。糠麸类饲料粗蛋白质含量为 10%~15%，介于豆类籽实与禾谷类籽实之间；粗纤维占 10% 左右，比籽实稍高。糠麸类是 B 族维生素的良好来源，但缺乏维生素 D 和胡萝卜素。此外，这类饲料质地疏松，容积大，同子实类搭配，可改善日粮的物理性状。

（1）小麦麸。小麦加工程度的不同，其副产品小麦麸的成分及营养价值也不同。出粉率越高，麸皮中的胚和胚乳的成分越少，麦麸的营养价值、能值及消化率则越低。小麦麸氨基酸组成较好，赖氨酸含量可达 0.6% 左右。粗纤维含量较高，能值较低。含脂肪 4% 左右，以不饱和脂肪酸居多，易变质生虫。B 族维生素及维生素 E 含量高，硫胺素达 3.5 mg/kg，但维生素 A、维生素 D 的含量少。矿物质较丰富，钙磷比例不合理。小麦麸粗纤维含量高，质地疏松，容积大，具有倾泻性，可调节饲料的营养浓度，改善饲料的物理性状，是奶牛产前及产后的好饲料。

（2）米糠。米糠的粗蛋白质含量比麸皮低，比玉米高，品质也比玉米好，赖氨酸含量高达 0.55%。粗脂肪含量很高，可达 15%，约为小麦麸、玉米糠的 3 倍多，能值位于糠麸类饲料之首。其脂肪酸的组成多属不饱和脂肪酸，油酸和亚油酸占 79.2%。米糠富含维生素 E，B 族维生素含量也很高，但缺乏维生素 A、D、C。米糠粗灰分含量很高，但钙磷比例极不平衡，磷含量高。此外，米糠中锰、钾、镁较多。米糠中脂肪酶活性较高，长期贮存易引起脂肪变质。米糠为奶牛的好饲料，但由于脂肪含量较高，其用量不能超过日粮的 30%。否则，易使奶牛生长过肥，影响奶牛正常发育和泌乳。

（二）蛋白质饲料

1. 豆类子实

粗蛋白质含量非常高，占干物质的 20～40%，为谷类子实的 1～3 倍，而且蛋白质品质很好，蛋白质中赖氨酸、蛋氨酸等必需氨基酸的含量均多于谷类籽实。脂肪含量除大豆、花生含量高外，其他略低于谷类籽实。钙、磷含量比谷类籽实略多，但钙磷比例不理想，其胡萝卜素缺乏，无氮浸出物含量为 30～50%，纤维素易消化。总营养价值与谷类籽实相似，可消化蛋白质较多，是奶牛重要的蛋白质饲料。在豆类籽实中，常用作饲料的为大豆。

大豆包括如黄豆、青豆、黑豆很多种，大豆籽实属于蛋白质和脂肪含量都高的蛋白质饲料，如黄豆的蛋白质含量分别为 37%，粗脂肪含量为 16.2%，而且大豆的蛋白质品质较好，赖氨酸含量较高，如黄豆的赖氨酸含量为 2.30%，缺点是蛋氨酸一类的含硫氨基酸不足。大豆脂肪含不饱和脂肪酸多，其中，亚油酸（必需氨基酸）可占55%，脂肪中还含有1%的不皂化物。另外，还含有1.8%~3.2%的磷脂类，具有乳化作用。碳水化合物含量不高，其中阿聚糖、半乳聚糖和半乳糖酸相结合而成黏性的半纤维素，存在于大豆细胞膜中，有碍消化。淀粉在大豆中含量甚微，为0.4%~0.9%。矿物质中以钾、磷、钠居多，钙的含量高于谷实类。在维生素方面与谷实类相似，但维生素 B_1 和维生素 B_2 的含量略高于谷实类。生大豆含有一些有害物质或抗营养成分，如胰蛋白酶抑制因子、血细胞凝集素、致甲状腺肿物质等，他们影响饲料的适口性、消化性与动物的一些生理过程。但是这些有害成分中绝大部分不耐热，经湿热加工可使其丧失活性。将全脂大豆经焙炒、压扁、制粒等加热处理后饲喂奶牛，有良好的饲养效果。大豆含有丰富的高品质的蛋白质，是奶牛生长发育和泌乳的最好的蛋白质饲料。大豆蛋白质中含蛋氨酸、色氨酸、胱氨酸较少，饲喂时最好搭配禾谷类籽实。大豆的熟喂效果最好，熟大豆或膨化大豆因其所含的抗胰蛋白酶被破坏，故能增加适口性和提高蛋白质的消化率及利用率。特别应注意的是，生大豆不宜与尿素同用，因为生大豆中含有尿素酶，会使尿素分解。

2. 饼粕类

饼粕类饲料是榨油的副产品，油料作物子实用压榨法榨油后的副产品叫"饼"，用浸提法提取油后的副产品叫"粕"。此类饲料常用作蛋白质补充饲料，是奶牛生产中重要的蛋白质来源。

饼粕类饲料的营养价值很高，其氨基酸组成较完全，苯丙氨酸、苏氨酸、组氨酸等含量较高，它还含有丰富的禾谷类籽实中所缺乏的赖氨酸、色氨酸、蛋氨酸。饼粕类饲料中可消化蛋白质含量31.0%~40.8%，粗蛋白质的消化率、利用率均较高。一般经压榨法生产的饼粕类脂肪含量为5%左右。无氮浸出物占干物质的22.9%~34.2%。粗纤维含量，加工时去壳者含6%~7%，消化率高。饼粕类饲料含磷量比钙多，B 族维生素含量高，胡萝卜素含量很少。

（1）大豆饼粕。大豆饼粕是饼粕类饲料中数量最多的一种，在奶牛饲料中有广泛的应用，脱壳大豆粕平均粗蛋白质含量在48%以上，未脱壳大豆粕粗蛋白含量约43%~44%，大豆饼其粗蛋白含量较低，约为42%，但是油脂含量较高，约为4%~6%。大豆饼粕中必需氨基酸的含量在饼粕类饲料中含量最高，如赖氨酸含量达2.5%~2.8%，赖氨酸和精氨酸的比例也较恰当，异亮氨酸含量高达2.39%，是饼粕类饲料中最多者。大豆饼粕的适口性好，营养成分较全面。饲喂奶牛具有良好的生产效果。

（2）棉籽饼粕。粗蛋白质含量仅次于大豆饼粕，但赖氨酸缺乏，蛋氨酸、色氨酸都高于大豆饼粕；含钙少，缺乏维生素A、维生素 D。因此，棉籽饼粕的营养价值低于大豆饼粕，但高于禾谷类饲料。棉籽饼粕中含有棉酚，游离棉酚与氨基酸结合，对动物有害，但对瘤胃功能健全的成年牛影响小，只要维生素 A不缺乏，不会产生中毒，对瘤胃尚未发育完善的犊牛，则极易引起中毒，因此饲喂犊牛时要先进行去毒处理并且要控制喂量。

（3）棉籽。脂肪、蛋白质和纤维含量高，干物质含量92%，其中含能量 2.32%、脂肪 20%、粗蛋白 23%、中性洗涤纤维49%。是目前奶牛场比较常用的蛋白质原料，每头产奶牛可添加到 1~2kg。

（4）菜籽饼粕。菜籽饼粕中可利用能量水平较低，蛋白质含量中等（34%~38%），适口性较差，其含有一种芥酸物质，在体内受芥子水解酶作用，形成异硫氰酸盐等有毒物质，可引起家畜中毒。因此，应限量使用，日喂量1kg，犊牛和怀孕母牛最好不喂。喂用前，可采用坑埋法脱去菜籽饼粕中的毒素，即把菜籽饼加水 1 倍埋于地窖内，经 2 个月的自然慢性发酵，脱毒率可达94%。

（5）花生饼粕。有带壳的和脱壳的两种。脱壳花生饼粕蛋白质含量高，营养价值与大豆饼粕相似，但它含有抑制胰蛋白酶因子，赖氨酸和蛋氨酸含量略少，磷的含量比大豆饼粕少；饲喂花生饼粕时，最好添加动物性饲料，以弥补上述缺点。花生饼粕中缺乏维生素 D 和胡萝卜素，但含尼克酸特别丰富。花生饼粕有香味，适口性好，但很容易感染黄曲霉，产生黄曲霉毒素。因此，在使用时，应注意其贮藏条件。饲喂量过多，可引起奶牛下泻，牛奶煮沸时有臭味，还可使黄油软化。

（6）向日葵饼粕。向日葵饼粕的营养价值主要取决于脱壳程度，完全脱壳时的向日葵饼粕营养价值很高。一般说来，向日葵饼粕粗蛋白质含量较低，为 28%~32%，氨基酸中赖氨酸含量不足，为 1.1%~1.2%，低于棉仁饼粕和花生饼粕，更低于大豆饼粕。如果脱油过程中加热过度，则赖氨酸损失更大，其营养价值显著降低。蛋氨酸的含量为 0.6%~0.7%，高于大豆饼粕、棉仁饼粕和花生饼粕。赖氨酸和蛋氨酸的消化率很高，与大豆饼粕相当。总的来说，其必需氨基酸含量低，赖氨酸含量不足，蛋氨酸含量较高。向日葵饼粕中胡萝卜素含量低，但 B 族维生素含量丰富，高于大豆饼粕。钙磷含量比一般饼粕类饲料高，微量元素中锌、铁、铜含量较高。向日葵饼粕适口性好，是良好的蛋白质饲料，对于奶牛的饲用价值较高，脱壳者效果与大豆饼粕不相上下，但含脂肪高的压榨饼采食太多，易造成乳脂及体脂变软。

（7）亚麻籽饼粕。亚麻籽饼粕粗蛋白含量为 32%~36%，其氨基酸组成不佳，赖氨酸和蛋氨酸含量均较低，赖氨酸为 1.12%，蛋氨酸为 0.45%，但精氨酸含量高，可达 3.0% 左右。粗纤维含量较高，为 8%~10%，热能值较低。亚麻子饼粕中的胡萝卜素、维生素 D 和维生素 E 含量少，但 B 族维生素含量丰富。矿物质中钙、磷含量均较高，微量元素中硒的含量高，是优良的天然硒源之一。亚麻子饼粕中主要含有生氰糖苷，可引起氢氰酸中毒。亚麻籽饼粕是奶牛良好的蛋白质来源，适口性好，可提高产奶量。由于含有黏性胶质，可吸收大量水分而膨胀，从而使饲料在瘤胃中滞留时间延长，有利于微生物对饲料的消化，同时，还具有润肠通便的效果，可当做抗便秘剂，在多汁性原料或粗饲料供应不足时，使用可不必担心胃肠功能失调问题。

（8）芝麻饼粕。芝麻饼粕的粗蛋白质含量较高，可达 40%以上，其氨基酸组成一般，蛋氨酸含量高达 0.8%以上，但赖氨酸缺乏，含量仅为 0.93%，而精氨酸含量很高，可达 3.97%。芝麻饼粕的粗纤维含量低，在 7%以下。胡萝卜素、维生素 D 及维生素 E 含量低，B 族维生素含量较高。钙、磷、锌含量均高。芝麻饼粕可作为奶牛的蛋白质饲料使用，但采食太多则稍降低乳脂率，且体脂和乳脂变软，最好与其他蛋白质饲料配合使用。

二、精料补充料的配方设计

奶牛的精料补充料主要由能量饲料、蛋白质饲料、矿物质饲料和部分饲料添加剂组成，这种饲料营养不全价，不单独构成奶牛日粮，仅为日粮的一部分，用以补充采食粗饲料不足的那一部分营养。饲喂时必须与粗饲料搭配在一起。在变换粗饲料时，应根据奶牛营养需要及时调整精料补充料的配方或供应量。

在实际奶牛生产中，对于有一定奶牛饲养知识的养殖者来说，可以采购饲料原料，自行配制精料补充料；而没有奶牛饲养知识的养殖者可以直接采购正规饲料企业生产的奶牛精料补充料，与前者相比，采购成品精料补充料费用要相对高一些。

精料补充料的配方设计基本步骤如下。

（1）根据饲养标准查出奶牛的营养需要。

（2）根据饲料资源确定可用饲料原料并查出其营养价值。

（3）先确定粗饲料提供的营养，不足的部分用精料补充，由此配成奶牛日粮配方。

（4）在日粮配方中扣除粗饲料部分就是精料补充料配方。

具体配方设计实例见第六章第二节。

三、不同饲养期精料补充料配方推荐

在生产实践中，我们积累了一些精料补充料的配方，供读者参考。

（一）犊牛料配方

玉米 31.55%、麸皮 15%、豆粕 15%、玉米蛋白饲料 10%、玉米酒精糟 4%、次粉 10%、豆皮 7.3%、细石粉 2.15%、预混料 5%。

（二）育成牛精料补充料配方

玉米 17%、麸皮 29.6%、棉粕 5.9%、玉米蛋白饲料 15%、玉米酒精糟 8%、次粉 10%、豆皮 8.1%、细石粉 1.4%、预混料 5%。

（三）干奶牛精料补充料配方

玉米 34.4%、麸皮 27%、玉米蛋白饲料 10%、玉米酒精糟 4.7%、玉米皮 3.3%、次粉 14%、细石粉 1.6%、预混料 5%。

（四）产奶牛精料补充料配方

玉米 28.6%、麸皮 5.2%、玉米蛋白饲料 14.7%、玉米酒精糟 22%、棉粕 7.8%、次粉 15%、细石粉 1.7%、预混料 5%。

（五）围产牛精料补充料配方

玉米 34.4%、麸皮 27.6%、玉米蛋白饲料 9.7%、玉米皮 3.3%、玉米酒精糟 5%、次粉 14%、细石粉 1%、围产期预混料 5%。

注：配方中所列预混料含维生素、微量元素等营养物质。

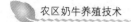

第四节 其他精粗饲料品种的利用

一、块根块茎类饲料

（一）营养特点

块根块茎类饲料包括胡萝卜、甜菜、甘薯、马铃薯等。这类饲料水分含量高，体积大，适口性好，易消化，但干物质、能量、蛋白、钙等含量较少，其干物质营养浓度接近于精料。

块根块茎类饲料水分含量在75%以上，也叫多汁饲料，具有轻泻和调养作用，对泌乳牛还有催乳作用。干物质中富含淀粉和糖，有利于乳糖和乳脂的形成，由于其可溶性碳水化合物含量高，在瘤胃发酵速度快，所以喂量过多时会造成瘤胃pH值下降，消化功能紊乱，乳蛋白、乳脂肪下降。按干物质计算，每天最大喂量不超过日粮的20%。

（二）几种常用的块根块茎类饲料

1. 甘薯

甘薯又名地瓜、红薯、白薯，是我国种植面积最广、产量最高的薯类作物。甘薯中干物质主要为淀粉和糖分，营养价值较高，是奶牛良好的热能来源。甘薯适口性好，容易消化，对奶牛有促进消化和增加泌乳量的效果。据测定，甘薯含干物质25%、消化能3.83MJ/kg、粗蛋白1%、钙0.13%、磷0.05%。红色和黄色的甘薯含有大量胡萝卜素（每千克60~120mg）。需要注意的是，黑斑病甘薯饲喂奶牛会引起中毒。

2. 胡萝卜

胡萝卜产量高、耐贮藏、适口性好，是奶牛喜食的多汁饲料。胡萝卜营养价值很高，含有蔗糖和果糖，胡萝卜素含量丰富（100~200mg/kg），还含有大量钾盐、磷盐和铁盐，对生长和泌乳牛都有很好的作用，可增进奶牛食欲、提高产奶量和繁殖机能。在干草和秸秆比重大的日粮中添加一些胡萝卜，可改善日粮口味，调节消化机能。饲喂胡萝卜一定要洗净、生喂，熟喂会破坏其营养成分，而且喂量不宜过大，成年母牛每天饲喂量不超过10kg。

3. 甜菜

甜菜是奶牛优良的多汁饲料，根据甜菜中干物质与糖分含量的不同，可分为饲用甜菜和糖用甜菜两种。饲用甜菜中干物质含量低，总营养价值不高，但对提高产奶量极为有效。糖用甜菜中干物质含量较高，而且富含糖分，一般不用做饲料而先用以制糖，然后用其副产品甜菜渣作为饲料。据测定，饲用甜菜中含营养成分大致为：干物质15%、消化能1.94 MJ/kg、粗纤维1.7%、钙0.06%、磷0.04%。在使用甜菜饲喂奶牛时应控制用量，饲喂过多会引起奶牛腹泻，饲用甜菜每天饲喂量不超过30kg。

二、稿类饲料

稿类饲料是指各种农作物收获后的秸秆，如谷草、玉米秸、麦秸、稻草、豆秸等。

（一）营养特点

稿类饲料粗纤维含量高，一般在30%以上，蛋白质含量少，在8%以下，豆科作物秸秆比禾本科作物秸秆蛋白含量略高。稿类饲料质地较粗硬，适口性差，奶牛不喜采食。

（二）几种常用的稿类饲料的合理利用

1. 稻草

是我国南方地区主要粗饲料来源，其营养价值低于谷草。奶牛对稻草的消化率为50%左右。据测定，稻草的粗蛋白质含量为3%~5%，粗脂肪为1%左右，粗纤维为32.6%，其产奶净能为 3.65MJ/kg。稻草粗灰分含量较高，约为 17%，钙、磷含量低，远远低于奶牛的生长和繁殖需要。因此，以稻草为粗饲料饲喂奶牛，要注意添加矿物质饲料。

2. 玉米秸

玉米秸具有光滑外皮，质地坚硬。奶牛对玉米秸粗纤维的消化率在 65% 左右。据测定，玉米秸干物质中粗蛋白含量为 6.5%，粗脂肪为 0.9%，粗纤维为 31.81%，其产奶净能为 4.22MJ/kg。玉米秸青绿时，胡萝卜素含量较高，为 3~7mg/kg。生育期短的春播玉米秸，比生长期长的春播玉米秸粗纤维少，易消化。同一株玉米，上部比下部的营养价值高，叶片比茎秆营养价值高，奶牛较为喜食。玉米梢的营养价值稍优于玉米芯，而和玉米苞叶的营养价值相仿。玉米秸的粗秆采食率低，但采用揉碎处理即可成为首选秸秆。目前，人们通常在收完玉米子实后，趁玉米秸还青绿时收割做成青贮饲料。

3. 麦秸

麦秸的营养价值因品种、生长期的不同而有所不同。常用作饲料的有小麦秸、大麦秸和燕麦秸。小麦是我国仅次于水稻的粮食作物，其秸秆的数量在麦类秸秆中也最多。小麦秸粗纤维含量高，并含有硅酸盐和蜡质，适口性差，营养价值低。据测定，小麦秸的干物质粗蛋白质含量为 4.4%，粗脂肪为 0.6%，粗纤维为 38.3%，其产奶净能为 3.45MJ/kg。饲喂奶牛，经氨化或碱化处理后效果较好。大麦秸的产量比小麦秸要低得多，但适口性和粗蛋白质含量均较好些。据测定，大麦秸的粗蛋白质含量为 5.5%，粗脂肪为 1.8%，粗纤维为 44.7%，其产奶净能为 4.08MJ/kg。在麦类秸秆中，燕麦秸是饲用价值最好的一种，粗蛋白质含量为 7.5%，粗脂肪为 2.4%，粗纤维为 28.4%，其产奶净能为 4.51MJ/kg。

4. 谷草

粟的秸秆通称谷草，其质地柔软厚实，适口性好，营养价值高，可消化总养分均较麦秸、稻草为高。据测定，谷草的干物质中粗蛋白质含量为 5.0%，粗脂肪为 1.3%，粗纤维为 35.9%，其产奶净能为 4.62MJ/kg。

三、糟渣类饲料

糟渣类饲料是食品和发酵工业的副产品，主要有啤酒糟、淀粉渣、豆腐渣、果渣、甜菜渣等。

（一）营养特点

糟渣类饲料含水量一般在 70%~90%，含有较多能量和蛋白质，体积大，适口性好，是调节牛食欲的良好饲料，饲喂恰当，可增加奶产量，改善母牛体况，减少配合料消耗量。

（二）几种常用的糟渣类饲料

1. 啤酒糟

啤酒糟是以大麦为原料，经发酵提取其子实中部分可溶性碳水化合物酿造啤酒后的工业副产品，具有明显的催奶效果。其粗蛋白质含量相当丰富，占干物质的 1/4 左右；这类蛋白质经过发酵能增加菌体蛋白质而提高其生物学价值。无氮浸出物含量较低，为干物质的 1/3 左右。粗纤维含量高，适口性不佳，饲粮中可适当搭配其他饲料。成年奶牛每天可喂鲜啤酒糟 10~15kg，饲喂时每天添加 150~200g 小苏打。产后 1 个月内的泌乳牛尽量不喂或喂少量啤酒糟，否则会延迟生殖系统的恢复，对发情配种产生不利影响。

2. 甜菜渣

甜菜渣是制糖的副产品，是甜菜压榨提取糖液后的残渣，故残渣中不溶于水的物质大量存在，特别是粗纤维全部保留，是奶牛良好的多汁饲料。新鲜甜菜渣干物质约占 15%，营养价值低，主要成分为可溶性无氮物，粗蛋白质含量为 9.6%，脂肪含量少，含粗纤维较多，含钙极多、含磷少，适口性强。不能长期贮存，可干燥后贮存。甜菜渣含有大量游离的有机酸，饲喂奶牛时，喂量不宜过大，以免影响牛奶品质和引起奶牛拉稀，饲喂量可占饲料干物质的 30%。

3. 豆腐渣

新鲜豆腐渣含干物质不到 20%，含粗蛋白质 3.4% 左右，是喂奶牛的好饲料。由于豆腐渣含水分多，容易酸败，饲喂过量易使奶牛拉稀，而且维生素也较缺乏。因此，最好煮熟再喂奶牛，并搭配其他饲料，以提高其生物学价值。

4. DDGS

DDGS 是利用玉米酒精糟液，采用离心分离、真空吸滤、蒸发浓缩、混合干燥、造粒包装等先进工艺，生产的高蛋白精饲料。DDGS 颜色越浅、气味越淡，营养价值越高，作为蛋白质饲料，合格的 DDGS 蛋白质含量高于 28%，优级品则高达 33% 以上，最大限度地保留了原谷物的蛋白质等营养成分，且由于酵母的发酵作用，使玉米中的植物性蛋白转化为微生物蛋白，使其更适合动物的营养需要；经发酵及其他加工处理后，DDGS 中有效磷含量大幅度提高，DDGS 已成为国内外饲料生产企业广泛应用的一种新型蛋白饲料原料，可直接饲喂奶牛，但应搭配其他饲料，使用时应注意防霉。

5. 淀粉渣

淀粉渣是以豌豆、蚕豆、马铃薯、甘薯等为原料生产淀粉食品的残渣。由于原料的不同，其营养成分也有差异。鲜粉渣的含水量很高，可达 80%~90%，因其中含有可溶性糖，易引起乳酸菌发酵而带酸味，pH 值一般为 4.0~4.6，存放时间愈长，酸度愈大，且易被真菌和腐败菌污染而变质，丧失饲用价值。故用作饲料时需进行干燥处理，干粉渣的主要成分为无氮浸出物，粗纤维含量也较高，蛋白质、钙、磷含量都比较低。淀粉渣是奶牛的良好饲料，但不宜单喂，最好和其他蛋白质饲料、维生素类等配合饲喂。

6. 苹果渣

苹果渣主要是罐头厂的下脚料，其中，大部分是苹果皮、核及不适于食用的废果。其成分特点是无氮浸出物和粗纤维含量高，而蛋白质含量较低，并含有一定量的矿物质和丰富的维生素。鲜苹果渣可直接用来饲喂奶牛，也可晒干制粉后用作饲料原料。苹果渣营养丰富，适口性也好，多用于奶牛饲料，可占精料的50%。此外，也可制成青贮料使用。

第六章 精粗饲料的饲喂方法

由于奶牛饲养者的饲养理念和技术水平的差异，奶牛精粗饲料的饲喂方式多种多样，归纳起来可分为两类：一是精粗分饲；二是精粗混饲。

第一节 精粗饲料分开饲喂

传统的饲喂方式习惯于将精粗饲料分开喂给奶牛，先喂粗饲料，再喂精饲料，即所谓的"先粗后精"饲喂法。经过长时间的生产实践，饲养者发现精粗饲料分开饲喂有很大的弊端，主要表现在以下几个方面。

一、奶牛精粗饲料采食不均衡

由于每头奶牛对精粗饲料的喜好程度不一样，在精粗饲料分开饲喂时，奶牛不能按照饲养者预先设定的精粗比例采食。而且奶牛在群体中有等级地位的分别，有的奶牛在牛群中等级地位较高，它能够随意采食自己喜欢的饲料，有的奶牛只能等别的奶牛吃完才能采食，不能保证均衡采食。

二、干物质采食量不足

精粗饲料分开饲喂时，由于各种饲料的适口性不同，经常会导致总的干物质采食量不足，进而影响奶牛生产性能，还会导致繁殖障碍。

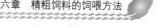

三、容易引起消化系统紊乱

高产奶牛每天产奶量很大，为满足产奶需要，必须补充大量的精料。当精粗饲料分开饲喂时，由于奶牛短时间内采食大量精料，会打乱瘤胃内营养物质的消化代谢平衡，引起消化系统紊乱，严重时可导致瘤胃酸中毒，影响奶牛生产性能。

四、不适应大规模、集约化奶牛饲养

精粗料分开饲喂是在机械化、科技化程度较低，奶牛饲养量较小的年代产生的一种饲喂方法，在奶牛科技飞速发展、机械化程度大幅提高、奶牛饲养量猛增的今天，这种方法显然已经落后，如果用这种方法去饲养几千头、上万头的大规模牛场将导致生产效率很低、经济效益极差。

第二节 全混合日粮

传统的精粗料分开饲喂由于存在很多缺陷，也不能满足现代化、规模化奶牛生产的需要，所以人们考虑将精粗混合后饲喂，从而诞生了一种全新的饲喂方式即全混合日粮（TMR）饲喂方式。

一、全混合日粮（TMR）的概念

全混合日粮是与传统精粗分饲的饲养方式相对而言的，是根据反刍动物（牛、羊等）能量、粗蛋白、粗纤维、矿物质和维生素等营养的需要，把粉碎的粗料、精料和各种添加剂进行充分混合而获得的营养平衡的混合日粮，又称TMR（英文Total Mixed Ration 的缩写）。TMR 饲养技术 20 世纪 60 年代最早应用于美国、以色列等一些奶业发达国家，近年来，我国引入该技术并逐步推

广使用。

二、全混合日粮的优点

（一）提高产奶量

饲喂 TMR 的奶牛每千克日粮干物质能多产 5%~8% 的奶，即便是高产奶牛饲喂 TMR，仍然能增长 6% 以上的产奶量。

（二）便于控制日粮的营养水平和成本

TMR 是精粗混饲，奶牛无法挑食，因此是按配方的比例进食，奶牛每吃一口料都是全价的。对干物质摄取量、粗蛋白、过瘤胃蛋白、能量、粗纤维、维生素、矿物质等各项营养指标及日粮的精粗比均可逐一予以调整，通过调节采食量，获得所需的能量和各种营养物质，可以很好地控制营养水平和日粮成本。

（三）减少因挑食造成的浪费

在精粗分饲时，一些奶牛由于喜欢精料而专门等着采食精料，对粗料的采食量达不到正常要求，不但造成营养摄入不均衡，而且会浪费很多饲料。使用 TMR 后，奶牛无法再将精粗饲料分开，只能一同采食，因此，减少了因挑食造成的浪费。

（四）增进奶牛健康

由于 TMR 各组分比例适当，并经均匀混合，所以，反刍动物每次吃进的 TMR 干物质中，含有营养均衡、精粗比适宜的养分，瘤胃内可利用碳水化合物与蛋白质分解利用趋于同步；同时，又可防止反刍动物在短时间内因过量采食精料而引起瘤胃 pH 值的突然下降；可以维持瘤胃微生物的数量、活力及瘤胃内环境的相对稳定，使发酵、消化、吸收及代谢能正常进行，防止消化机能紊乱，减少一些营养代谢疾病（如酮血症、酸中毒等）发生的可能性，增进奶牛健康。

（五）有利于发挥高产奶牛的产奶性能

采食 TMR 的奶牛，与同等情况下精粗分饲相比，其瘤胃液

pH 值稍高，更有利于纤维素的消化分解，在不降低高产奶牛产奶量及乳脂率的前提下，TMR 中纤维水平可较精粗分饲方式中纤维水平适当降低。这就使泌乳高峰期的奶牛在不降低其乳脂率的前提下，采食更高能量浓度的日粮，以减少体重下降的幅度，可最大限度避免奶牛泌乳期的减重，同时也有利于下一周期受胎率的提高。

三、全混合日粮制作技术要点

（一）选择合适的 TMR 搅拌机

1. 选择合适的类型

目前，TMR 搅拌机类型多样，功能各异。从搅拌方式分，可分立式和卧式两种；从移动方式分，可分为固定式和移动式两种（移动式又包括牵引式和自走式）。

（1）立式、卧式搅拌车。立式搅拌车与卧式相比，草捆和长草无需另外加工；相同容积的情况下，所需动力相对较小；混合仓内无剩料。

（2）固定式。主要适用于奶牛养殖小区，小规模散养户集中区域，牛舍和道路不适合 TMR 设备移动上料的牛场。

（3）移动式。多用于适合 TMR 设备移动的牛场。

2. 选择合适的容积

（1）容积计算的原则。主要考虑奶牛干物质采食量、分群方式、群体大小、日粮组成和容重等。要满足最大分群日粮需求，兼顾较小分群日粮供应。同时考虑将来规模发展，以及设备的耗用，包括节能性能、维修费用和使用寿命等因素。

（2）正确区分最大容积和有效混合容积。容积适宜的 TMR 搅拌机，既能完成饲料配制任务，又能减少动力消耗，节约成本。TMR 搅拌机通常标有最大容积和有效混合容积，前者表示最多可以容纳的饲料体积，后者表示达到最佳混合效果所能添加的饲料体积。有效混合容积约等于最大容积的 70%~ 80%。

（3）测算 TMR 容重。测算 TMR 容重有经验法、实测法等。日粮容重跟日粮原料种类、含水量有关。常年均衡使用青贮饲料的日粮，TMR 日粮水分相对稳定到 40%~ 50% 比较理想，每 m^3 日粮的容重为 240 ~300kg。讲究科学、准确则需要正确采样和规范测量，从而求得单位容积的容重。

（4）测算奶牛日粮干物质采食量。奶牛日粮干物质采食量，即 DMI，一般采用如下公式推算：DMI（干物质采食量）= BW × 0.018 + FCM ×0.305。其中，BW = 奶牛体重（kg），FCM（4% 乳脂校正的日产量）=（0.4 × 产奶量千克）+（15 × 乳脂千克）。非产奶牛 DMI 假定为占体重的 2.5%。

（5）测算适宜容积（举例说明）。假设牧场有产奶牛 100 头，后备牛 75 头，利用公式推算产奶牛 DMI 为 25kg/头/天，后备牛 DMI 为 6kg/头/天。则产奶牛最大干物质采食量为 100 × 25 = 2 500kg，后备牛采食量最小为 75 ×6 =450kg。如一天 3 次饲喂，则每次最大和最小混合量为：最大量 2 500/3 =830kg、最小量 450/3 =150kg。如果按 TMR 日粮的干物质含量 50%~ 60% 时，容重约为 275kg/ m^3 来计算，则混合机的最大容量应该为 830/0.6/275 = 5.0 m^3，最小容量应该为 150/0.6/275 = 0.9 m^3。也就是说混合机有效混合容积选择范围为 0.9 ~ 5.0 m^3，最大容积为（有效混合容积为最大容积的 70%）为 1.2 ~ 7.1 m^3。生产中一般应满足最大干物质采食量。

（二）合理设计 TMR

1. TMR 类型

根据不同阶段牛群的营养需要，考虑 TMR 制作的方便可行，一般要求调制 5 种不同营养水平的 TMR，分别为：高产牛 TMR、中产牛 TMR、低产牛 TMR、后备牛 TMR 和干奶牛 TMR。

2. TMR 营养

TMR 跟精粗分饲营养需求一样，由配方师依据各阶段奶牛的营养需要，搭配合适的原料。通常产奶牛的 TMR 营养应满足：日粮中产奶净能（NEL）应在 6.7 ~ 7.3MJ/kg（DM），粗蛋白质含量应在 15% ~ 18%，可降解蛋白质应占总粗蛋白质的 60% ~ 65%。

3. TMR 的原料

充分利用地方饲料资源；积极储备外购原料。

4. TMR 推荐比例

青贮 40% ~ 50%、精饲料 20%、干草 10% ~ 20%、其他粗饲料 10%。

（三）正确运转 TMR 搅拌设备

1. 建立合理的填料顺序

填料顺序应借鉴设备操作说明，参考基本原则，兼顾搅拌预期效果来建立合理的填料顺序。

基本原则。先精后粗，先干后湿，先轻后重的原则。

如果各精饲料原料分别加入，提前没有进行混合，如果干草等粗饲料原料提前已粉碎、切短；填料参考顺序：精饲料（谷物—蛋白质饲料—矿物质饲料）—干草—青贮—其他。

当精饲料已提前混合一次性加入时、当干草没有经过粉碎或切短直接添加时，填料顺序可适当调整为：干草—精饲料—青贮—其他。

2. 设置合理的搅拌时间

在生产实践中，为了提高工作效率，一般采用边填料边搅拌的方式，等全部原料填完，再搅拌 3 ~ 5min。确保搅拌后日粮中大于 3.5cm 长纤维粗饲料（干草）占全日粮的 15% ~ 20%。

3. 操作注意事项：

（1）TMR 搅拌设备计量和运转时，应处于水平位置。

（2）搅拌量最好不要超过最大容量的80%。

（3）一次上料完毕及时清除搅拌箱内的剩料。

（4）加强日常维护和保养（参照TMR使用手册）。

（四）正确评价TMR搅拌质量

1. 感官评价

TMR日粮应精粗饲料混合均匀，松散不分离，色泽均匀、新鲜不发热、无异味、不结块。

2. 水分检测

TMR的水分应保持在40%~50%为宜。每周应对含水量较大的青绿饲料、青贮饲料和TMR混合料进行一次干物质（DM）测试。

3. 宾州筛过滤法

这种专用筛可用来检查TMR搅拌设备运转是否正常，搅拌时间、上料次序等操作是否科学等问题，从而制定正确的全混日粮调制程序。目前用得较多的是四段筛，包括三层筛网和一个底盘，从上到下各层筛网的孔径为1.9cm、0.79cm，0.32cm，见图6-1。

图6-1 宾州筛

使用方法：

（1）奶牛未采食前和采食剩余料各取样400~500g。

（2）水平摇，不要垂直抖动。

（3）摇一下水平移动距离为 17cm，频率每次 1.1s。

（4）每摇 5 下，转 90 度；以上共重复 7 次。

（5）分别称重，计算每层占总重量的比例。

（6）检测每层剩余不同草料量及比例，分析发现的问题。

宾州筛过滤是一种数量化的评价法，但是到底各层应该保持什么比例比较适宜，与日粮组分、精饲料种类、加工方法、饲养管理条件等有直接关系（表 6 - 1）。

表 6 - 1　宾州筛各层的推荐值

饲料种类	一层（%）	二层（%）	三层（%）	四层（%）
泌乳牛 TMR	15 ~ 18	20 ~ 25	40 ~ 45	15 ~ 20
后备牛 TMR	40 ~ 50	18 ~ 20	25 ~ 28	4 ~ 9
干奶牛 TMR	50 ~ 55	15 ~ 20	20 ~ 25	4 ~ 7

4. 观察奶牛反刍

奶牛每天累计反刍大约 7 ~ 9h，充足的反刍保证奶牛瘤胃健康。粗饲料的品质与适宜切割长度对奶牛瘤胃健康至关重要，劣质粗饲料是奶牛干物质采食量的第一限制因素。同时，青贮或干草如果过长，会影响奶牛采食，造成饲喂过程中的浪费；切割过短、过细又会影响奶牛的正常反刍，使瘤胃 pH 值降低，出现一系列代谢疾病。观察奶牛反刍是间接评价日粮制作水平的有效方法。有一点非常重要，那就是随时观察牛群时至少应有 50% ~ 60% 的牛在反刍。

四、全混合日粮配制示例

在奶牛生产中，TMR 配方应由专业的配方师设计，可以手工计算，也可使用配方软件进行计算。在奶牛日粮配方设计中考虑的第一要素是干物质的采食量，而其他营养素的优先次序分别为：纤维、能量、粗蛋白、常量矿物元素、微量元素和维生素。应先了解奶牛大致的采食饲料量，从奶牛饲养标准中查出每天营养成分的需要量，从饲料成分及营养价值表中查出现有饲料的各种营养成分（如果要真正达到精准，则需要对每一批饲料原料进行营养成分测定）。根据现有饲料原料各种营养成分进行计算，合理搭配，配合成平衡日粮。在计算奶牛日粮配方的过程中，比较常用的为试差法，在此举例简要说明。

例：计算配制一个体重为 600kg、日产奶量 20kg，乳脂率为 3.5% 的成母牛日粮。

第一步，查奶牛饲养标准。体重 600kg、日产奶 20kg、乳脂率 3.5% 的成母牛的营养需要量，见表 6 - 2。

表 6 - 2　营养需要量

营养需要量	干物质（kg）	奶牛能量单位	可消化粗蛋白（g）	小肠可消化蛋白（g）	钙（g）	磷（g）
维持	7.52	13.73	364	303	36	27
产奶	8.2	18.6	1 060	920	84	56
合计	15.72	32.33	1 424	1 223	120	83

第二步，日粮精粗干物质比若按 45 : 55 计，则粗饲料干物质需 7.07kg。若粗饲料为苜蓿干草和青贮玉米，其干物质比各占 50% 计，则苜蓿干草和青贮玉米的需要量为：

苜蓿干草 7.07kg × 50%/0.861（苜蓿干物质含量）≈4kg

青贮玉米 7.07kg × 50%/0.227（青贮玉米干物质含量）≈16kg

由此可以计算出日粮粗饲料提供的营养量与需要量差额，见表 6 - 3。

表6-3 粗饲料提供的营养量与需要量差额

种类	喂量（kg）	干物质（kg）	奶牛能量单位	可消化粗蛋白（g）	小肠可消化蛋白（g）	钙（g）	磷（g）
苜蓿干草	4	3.4	5.23	347	244	55	9.3
青贮玉米	16	3.63	5.77	152	203	16	9.5
合计	20	7.03	11.00	499	447	71	18.8
需要		15.72	32.33	1 424	1 223	120	83
尚缺		-8.69	-21.33	-925	-776	-49	-64.2

第三步，不足营养用精料补充。现有玉米、麸皮、豆饼、棉籽饼等精饲料种类，经瘤胃能氮平衡，并考虑经济因素后，各种精料用量分别为：玉米6.0kg，麸皮1.6kg，豆饼1.2kg，棉籽饼0.8kg，所配日粮营养含量与饲养标准比较，见表6-4。

表6-4 日粮营养含量与饲养标准比较

种类	喂量（kg）	干物质（kg）	奶牛能量单位	可消化粗蛋白（g）	小肠可消化蛋白（g）	钙（g）	磷（g）
玉米	6.0	5.30	13.67	334	408	4.8	12.7
麸皮	1.6	1.42	3.07	139	118	2.8	12.5
豆饼	1.2	1.09	2.89	326	205	3.8	6.0
棉籽饼	0.8	0.72	1.88	170	103	2.2	6.5
粗饲料	20	7.07	11.00	499	447	71	18.8
合计	29.6	15.60	32.51	1468	1281	84.6	56.5
与需要比较		-0.12	+0.18	+44	+58	-35.4	-26.5

第四步，能量、蛋白均已满足需要，尚缺35.4g钙和26.5g磷，如补充0.15kg磷酸氢钙（含钙23.2%，磷18.0%），并根据需要另加一些微量元素或特殊用途的添加剂，即可获得平衡日粮。

该日粮组成为：苜蓿干草4.0kg，玉米青贮16.0kg，玉米6.0kg，麸皮1.6kg，豆饼1.2kg，棉籽饼0.8kg，磷酸氢钙

0. 15kg，总计 29. 75kg。

该日粮每千克干物质含奶牛能量单位 2. 08，可消化粗蛋白质 9. 4%，小肠可消化蛋白质 8. 2%，钙 0. 77%，磷 0. 54%，粗纤维 9. 0%。

五、使用 TMR 饲养技术应注意的事项

根据国外对 TMR 饲养技术的试验研究成果和生产实践中的经验，在考虑我国国情的基础上，应用 TMR 饲养技术时，应注意以下事项。

1. 牛群的鉴定及合理分群

实施 TMR 饲养技术的奶牛场，要定期对个体牛的产奶量、奶成分及其质量进行检测，开展 DHI 测定的牛群更便于实施 TMR 饲养技术，这是科学饲养奶牛的基础；对不同生长发育阶段（泌乳期、泌乳阶段）及体况的奶牛要进行合理的分群，这是总生产成绩提高的必要条件。

2. 全混合日粮及其原料常规营养成分的分析

测定 TMR 及其原料各种营养成分的含量是科学配制日粮的基础。即使同一原料（如青贮玉米和干草等），因产地、收割期及调制方法等不同，其干物质含量和营养成分有很大变异，所以应根据实测结果来配制相应的 TMR。另外，必须经常检测 TMR 实际的干物质采食量（尤其是高产奶牛），以保证动物的足量采食。

3. 饲养应有一定的过渡期

在由放牧饲养或常规精粗分饲转为自由采食 TMR 时，应选用一种过渡型日粮，以避免由于采食过量而引起的消化疾病和酸中毒。

4. 采食量及体重的变化

在一个泌乳期中，奶牛的食欲高峰要比产奶高峰迟 2~4 周，而干物质采食量比产奶量下降要缓慢；在泌乳的中期和后期可通

过调整 TMR 日粮精粗比等来恢复奶牛的体重。

5. 保证 TMR 的营养平衡

在配制 TMR 时，饲草质量、配料时的准确计量、混合机的混合均匀度及全混合日粮的营养平衡要有保证。

第三节　精粗饲料饲喂中应注意的问题

一、要注意饲喂量

如果牛场采用全混合日粮饲喂，需要根据奶牛的营养需要确定日粮饲喂量。如果牛场采用精粗分饲的饲喂方式，则需要分别控制精粗料的饲喂量。

（一）精料饲喂量

精饲料饲喂量取决于粗饲料的品质和奶牛的产奶量。粗饲料品质差，奶牛产奶量高，精饲料饲喂量要增多；粗饲料品质好，奶牛产奶量低，精饲料饲喂量要减少。在粗饲料品质一般的情况下，产奶量与精料饲喂量的比例约为 2.6∶1，即饲喂 1kg 精饲料，可以产 2.6kg 牛奶；在粗饲料品质非常好的情况下，产奶量与精料饲喂量的比例可以达到 3∶1。

（二）粗料饲喂量

粗饲料是构成奶牛日粮的基础，它可以保持瘤胃正常的消化机能，对产奶量也有很大影响。粗饲料喂量过多，会导致日粮营养水平降低，奶牛所获取的能量水平不足，使产奶量降低；但粗饲料多，乳脂率会提高。粗饲料喂量不足，会使精饲料比例上升，日粮营养水平过高，由于日粮中粗纤维含量过低，瘤胃消化机能受到影响，会引起消化系统疾病，还会使乳脂率下降。一般说来，产奶牛粗饲料的干物质含量不应低于日粮干物质的 30%。

二、要注意比例搭配

奶牛处于不同的生理阶段，精粗料在日粮中的比例（指干物质比例）不一样，如果不注意精粗料比例搭配，会影响奶牛的生产性能，严重的会使奶牛患营养代谢病甚至导致奶牛死亡。一般说来，奶牛日粮的精粗料干物质比例，育成牛约为1：3，泌乳前期约为4：6，泌乳盛期约为6：4，泌乳中期约为4：6，泌乳后期约为3：7，干奶期约为1：3。

三、要确保饲料质量

饲料质量直接关系到奶牛的健康、产奶量以及牛奶的品质。确保饲料质量要注意以下几点：

（一）饲料的营养成分

如大批量的自配饲料，应对所有原料进行营养成分的抽样测定，以保证饲料的配制效果，如果原料营养成分不确定，配方再好也没有用。如购买小饲料厂的饲料，也应该对饲料进行营养成分。

（二）饲料是否霉变

饲料如保存不当，受潮或雨淋，很容易发生霉变，如果将霉变的饲料饲喂奶牛，轻则使奶牛生病，产奶量下降，严重的会导致奶牛死亡。

（三）饲料是否冰冻

饲料冰冻主要是针对含水量高的饲料而言，在北方，冬季很冷，含水量高的饲料，特别是奶牛场用的青贮饲料如保存不当，就会发生冰冻。冰冻的饲料须解冻后才能饲喂奶牛，否则会引起奶牛消化系统疾病，还会导致怀孕母牛流产。

第七章 奶牛场的建设

规模化、标准化、集约化是我国奶牛业发展的趋势，所以奶牛场的建设必须进行标准化建场。建场应遵循的原则为：选址要科学，用地要合法，要科学规划，合理布局；使牛场易于管理，方便饲养，便于进出，净污道要分开不能交叉，并为牛场未来发展留出空间；按照奶牛生理要求最大限度地为奶牛建设适宜生存的舒适环境，要符合动物卫生防疫和高产、优质、高效、生态、安全的发展要求。

第一节 奶牛场用地合法手续的办理

《中华人民共和国畜牧法》第三十七条规定，按照乡镇土地利用总体规划建立的畜禽养殖场、养殖小区用地按农业用地管理，但建设永久性建筑的，依照《中华人民共和国土地管理法》的规定办理。所以，任何一个奶牛场必须取得土地部门"土地备案"手续后才算取得养殖场土地合法使用权。

一、养殖土地的分类

依据《土地利用现状分类》（GB/T 21010—2007），畜牧养殖场的建设用地属于设施农用地，设施农用地是指：直接用于经营性养殖的畜禽舍的生产设施用地及其相应附属设施用地。

（1）养殖生产设施用地是指规模化养殖中畜禽舍（含场区内通道）、畜禽有机物处置等生产设施及绿化隔离带用地。

（2）养殖附属设施用地是指管理和生活用房用地（必需配套的检验检疫监测、动植物疫病虫害防控、办公生活等）、仓库用地（指存放农产品、饲料、农机农具和农产品分拣包装等）、硬化晾晒场（生物质肥料生产场地）、符合"农村道路"规定的道路等用地。

二、可用作养殖用地的性质

（1）养殖可用地。荒山荒坡、滩涂等未利用地和低效闲置的土地可用作养殖用地，尽量不占或少占耕地。

（2）养殖禁用地。严禁占用基本农田。

三、有关附属设施的用地规定

附属设施用地规模国家严格控制，规模化畜禽养殖的附属设施用地规模原则上控制在项目用地规模7%以内（其中，规模化养牛、养羊的附属设施用地规模比例控制在10%以内），但最多不超过15亩。

四、兴建养殖场用地备案审核程序

（一）经营者申请

设施农业经营者应拟定设施建设方案，方案内容包括项目名称、建设地点、用地面积，拟建设施类型、数量、标准和用地规模等；并与有关农村集体经济组织协商土地使用年限、土地用途、补充耕地、土地复垦、交还和违约责任等有关土地使用条件。协商一致后，双方签订用地协议。经营者持设施建设方案、用地协议向乡镇国土所及乡镇政府提出用地申请。涉及土地承包经营权流转的，经营者应依法先行与农村集体经济组织和承包农户签订土地承包经营权流转合同。

（二）乡镇申报

乡镇政府（及乡镇国土所）依据设施农用地管理的有关规定，对经营者提交的设施建设方案、用地协议等进行审查。符合要求的，乡镇政府应及时将有关材料呈报县级政府审核；不符合要求的，乡镇政府及时通知经营者，并说明理由。

（三）县级审核

县级政府组织畜牧（农业）部门和国土资源部门进行审核。畜牧（农业）部门重点就畜牧养殖场建设的必要性与可行性、养殖场的规划布局是否符合《动物防疫法》要求、承包土地用途调整的必要性与合理性，以及经营者经营能力和流转合同进行审核，国土资源部门依据畜牧（农业）部门审核意见，重点审核设施用地的合理性、合规性以及用地协议，涉及补充耕地的，要审核经营者落实补充耕地情况，做到先补后占。符合规定要求的，由县级政府审核同意，土地部门批复。

第二节 规模奶牛场场址的选择

追求和实现奶牛健康、优质、高产、高效和可持续发展是奶牛养殖业的基本目标。要实现这个目标，除了要有优良的奶牛品种、科学的饲养管理和疫病防治，还需要对奶牛场进行科学的规划设计。只有给奶牛创造适宜的生活环境，才能保证奶牛健康和生产的高效运行。奶牛场场址的选择应根据牛场规模、饲养方式等情况综合考虑，对地势、地形、土质、水源、电源和居民点，进行全方位的调查了解，统筹安排和长远规划。还要与农牧业发展规划、农田基本建设规划以及修建住宅等规划结合起来，并符合兽医卫生和环境卫生的要求，选择周围无传染源、无人畜地方病的地方建场。所选场址，应能适应现代化养牛业的发展趋势，要有发展余地。

一、饲料

青贮饲料是牛场的必备资源，牛场要选在青贮玉米或其他青贮资源丰富，周围牛场较少的地方；平原地区青贮原料辐射半径一般30km以内，不宜过远，否则运费过高。就廊坊地区而言，玉米秸价格不断攀升，价高与价低的地方每吨相差40～80元，这是一个不小的成本。所以饲料应是场址选择中考虑的一项重要内容。

二、地势和地形

场地应地势高燥，与河流保持一定距离，而且要高于河岸。最高地下水位需在青贮窖底部1米以下，这样可以减少土壤毛细管水上升而造成的地面潮湿。要向阳背风，以保证场区小气候温热状况相对稳定，减少冬春季风雪的侵袭，特别是要避开西北方向的风口和长形谷地。牛场的地面要平坦，有一定坡度（1%~3%比较理想），以便排水，最大坡度不能超过25%，总坡度应与水流方向相同。场区面积可根据养殖规模、饲养方式、饲料贮存和加工等确定。

三、土质

奶牛场土质非常重要，与饲养管理好坏有很大关系。场地土壤透气、透水、吸湿、抗压性等，直接或间接影响环境卫生和牛体健康。沙壤土透水性良好，持水性小，易于保持场地干燥和牛体卫生，同时此类土壤导热性小，热容量大，土温比较稳定，是最适合建场的土壤。黏土不宜选用，因为如果是黏土，特别是奶牛场的运动场是黏土，会造成积水、泥泞，牛体卫生差，腐蹄病发生率高。

四、周围土地

要具备就地无害化处理粪尿、污水的足够场地和排污条件。周边有效种植土地面积决定了粪污的最终消化能力。一个存栏一千头的奶牛场每年产生的粪污相当于100t尿素、150t过磷酸钙、110t硫酸钾，每年需要3 000～5 000亩土地消化。

五、水源

水源充足、水质良好是维持牧场正常生产的必要条件。因此在选择场址时要考虑是否有充足良好的水源。要选择水源充足、水源周围环境条件好、水质良好、没有污染源、取用方便的地方。同时，还要注意水中所含微量元素的成分与含量，特别要避免被工业、微生物、寄生虫等污染的水源。一般水量充足，水质清洁，特别是深层水井是理想的牛场水源。

六、场地面积

牛场大小可根据饲养数量和长远规划来决定。一个比较理想的存栏1 000～1 500头奶牛场，采用散栏饲养，TMR饲喂，理想占地面积为150～180亩，长/宽＝1.2/1或方形场地为好（土地利用率最高）。建筑系数为20%～25%，绿化系数为30%～35%，道路系数为8%～10%，运动场地和其他用地为35%～40%。

七、社会联系

牛场的饲料、产品等运输量很大，同时职工及其家属需要与外界联系。牛场的交通要求方便，但不能在交通干线旁，以防止传染病传播。牛场应与交通干线保持一定距离，离交通干线应不少于500m，离村庄应500m以上，并避开空气、水源和土壤污染严重的地区，要远离畜禽养殖场、屠宰厂、兽医院、化工厂等家畜传染病源区和危险区，以利防疫和环境卫生工作的开展。另外，选择场址时还要考虑与周围环境的相互关系，与居民点、工厂不宜靠得太近。防止相互影响，产生社会矛盾。

第三节 规模奶牛场的规划与布局

一、设计遵循的原则

目前，国际和国内规模化奶牛场的发展趋势是饲喂和挤奶的机械化，管理的计算机智能化。在规划设计上要突出奶牛舒适、环境干燥、保证原料奶的质量，并考虑合理的养殖规模和管理实现智能化。为了给牛创造适宜的生活环境，保障牛的健康和生产的正常运行，设计奶牛场应掌握以下原则。

（一）为奶牛创造适宜的环境

一个适宜的环境可以充分发挥奶牛的生产潜力，提高饲料利用率。不适宜的环境温度可以使家畜的生产力下降 $10\%\sim30\%$。此外，即使喂给全价饲料，如果没有适宜的环境，饲料也不能最大限度地转化为牛乳；从而降低了饲料利用率。由此可见，修建畜舍时，必须符合家畜对各种环境条件的要求，包括温度、湿度、通风、光照、空气中的二氧化碳、氨、硫化氢等，为奶牛创造适宜的环境。

（二）要符合生产工艺流程

奶牛生产工艺包括牛群的结构和周转方式，运送草料、饲喂、饮水、清粪等，也包括测量、称重、采精输精、防治、生产护理等技术措施。修建奶牛舍必须与本场生产工艺相结合，能保证生产的顺利进行和畜牧兽医技术措施的实施。否则，必将给生产造成不便，运行成本高，甚至使生产无法进行。

（三）严格卫生防疫，防止疫病传播

流行性疫病对奶牛场会形成威胁，造成经济损失。通过修建规范牛舍，为奶牛创造适宜环境，防止或减少疫病发生。此外，修建畜舍时还应特别注意卫生要求，以利于兽医防疫制度的执行。要根据防疫要求合理进行场地规划和建筑物布局。确定畜舍的朝向和间距，设置消毒设施，合理安置污物处理设施等。

（四）要做到经济合理，技术可行

牛场建设要尽量利用自然界的有利条件（自然通风，自然光照等），就地取材，采用当地建筑施工习惯，适当减少附属用房面积，以降低生产成本，加快资金周转。畜舍设计方案必须通过施工能够实现的，否则，方案再好而施工技术上不可行，也只能是空想的设计。

二、场区的布局

奶牛场的规划和布局应本着因地制宜和科学管理的原则，以整齐、紧凑、提高土地利用率和节约基建投资，经济耐用，有利于生产管理和便于防疫、安全为目标。做到各类建筑合理布置，符合发展远景规划，符合牛的饲养、管理技术要求，交通便利，方便运输草料、鲜牛乳和牛粪等。奶牛场一般分管理区、生活区、生产区、病牛隔离治疗与粪污处理区（图7－1）。

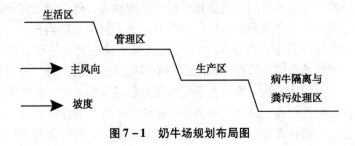

图7－1　奶牛场规划布局图

（一）管理区

包括办公室、财务室、接待室、资料室、化验室、会议室等与经营管理、产品加工销售有关的建筑物。牛场的经营活动与社会有密切的联系，在规划时，应充分利用原有道路和输电线路，综合考虑饲料和生产资料的供应、产品的销售等，为防止疫病传播，场外运输车辆和牲畜严禁进入生产区。管理区要和生产区严格分开，保证50m以上距离，外来人员只能在管理区活动。除饲料外，其他仓库也应设在管理区。汽车库应设在管理区。

（二）生活区

指职工生活住宅区。应在牛场上风和地势较高的地段，并与生产区保持适当远距离，以保证生活区良好的卫生环境，避免牛场的不良气味、噪声、粪尿和污水，影响职工生活环境。同时也为防止非工作人员走访而影响防疫。

（三）生产区

生产区是奶牛场的核心，应设在场区地势较低的位置，要能控制场外人员和车辆，使之不能直接进入生产区，要保证最安全，最安静。大门口设立门卫传达室、消毒室、更衣室和车辆消毒池，严禁非生产人员出入场内，出入人员和车辆必须经消毒室或消毒池进行消毒。生产区奶牛舍要合理布局，分阶段分群饲养，按泌乳牛群、干乳牛群、产房、犊牛舍、育成前期牛舍、育成后期牛舍顺序排列并设置相应面积的运动场，各牛舍之间要保持适当距离，布局整齐，以便防疫和防火。但也要适当集中，节约水电线路管道，缩短饲草饲料及粪便运输距离，便于科学管理。饲料的供应、贮存、加工是奶牛场的重要组成部分，与饲料运输有关的建筑物，原则上应规划在地势较高的地方，同时兼顾饲料由场外运入、再运到牛舍分发这两个环节，并保证防疫卫生安全。粗饲料库设在生产区下风口地势较高处，与其他建筑物保持60m防火距离。饲料库、干草棚、加工车间和青贮池，离牛舍要近一些，便于车辆运送草料，减小劳动强度，但必须防止牛舍和运动场因污水渗入而污染草料。

（四）病牛隔离治疗与粪污处理区

包括兽医室、病牛隔离舍、粪污处理场等，设在生产区下风地势低处，与生产区距离100m以上，病牛区应便于隔离，使用单独通道，便于消毒，便于污物处理等。尸坑和焚尸炉距离畜舍300m以上。

第四节 规模奶牛场牛舍的建设

奶牛场的牛舍建筑，按奶牛阶段分类可分为犊牛舍、后备牛舍、成母牛舍和围产期牛舍（产房）。一般情况下，成母牛舍牛位数占全群牛位数的60%，后备牛舍牛位数占40%。另外产房牛位数占成母牛舍的12%以上。

一、牛舍的设计

牛舍要根据饲养方式和当地气候条件等因素来综合考虑，在设计建造时因地制宜，灵活运用，既要做到科学饲养、经济实用，又要符合兽医防疫、节约成本。有条件的，可建质量好的、经久耐用的奶牛舍。

1. 成母牛舍和育成牛舍

育成牛舍和成母牛舍的设计相同，只是在牛舍内所占面积不同，一般每头占$3m^2$左右。

（1）饲喂通道。牛舍设计时首先需要考虑饲喂通道的宽度。在散栏式牛舍中通常采用全混合日粮（TMR）饲喂，TMR饲喂现在常用的是TMR车，TMR车又有牵引式和自走式，为了满足TMR车的行走和投料方便，饲喂通道应设计3.5～4.5m（7－2）。

（2）颈夹、食槽挡墙和食槽。牛场现在一般都采用颈夹，颈夹宽度一般为 75～100cm，以 80～90cm 为宜。颈夹下的食槽（现都采用地面食槽）挡墙从牛站立处算起为 40～45cm，从食槽地面算起为 20～25cm。食槽宽度 70～90cm（图 7－3）。

图 7－2　饲喂通道

（3）卧床。卧床的长宽高根据牛的不同阶段也不一样，既要考虑牛群的安全，保持最大舒适度，还要有足够的活动空间，并保持干燥卫生；要考虑奶牛在卧下时，不会碰撞两侧的隔栏；卧床的尺寸要能够容纳奶牛起立时前冲及侧身活动的空间；要保持一定的排水坡度（不小于 2%～3%）；一般卧床总长 2m，其中，牛床净长 1.7m，前端 0.3m。在牛卧床的

图 7－3　颈枷

上方 1.2m 处加装调训栏杆，以便牛在卧床上站立时，身体向后运动，防止粪便污染牛床。卧床一般比通道高 15～25cm，边缘呈弧形。牛卧床的隔栏由 2～4 根横杆组成，顶端横杆高一般为 1.2m，底端横杆与卧床地面的间隔以 35～45cm 为宜。如果牛场的粪污要用来做沼气，在设计时要让卧床上的砂子尽量不要掺杂到牛粪中，否则，会给制作沼气带来很大的麻烦（图 7－4）。

（4）奶牛通道。卧床两侧的通道如果是让牛单向通过，宽

度应不小于 1.2m，如果为双向
通过，宽度应不小于 2.4m。清
粪通道一般要有 2%~3% 的坡
度，以利于清洗。如果采用机
械刮粪，则走道宽度与机械宽
度相适应。与饲草毗邻的通道
要比一般的通道要宽些，以便
于牛在采食时，其尾后有足够

图 7-4　奶牛卧床

的空间让其他牛自由往来。为了防止奶牛在水泥路面上滑倒，每
10cm 需做宽 10~20mm，深 12mm 的防滑槽；饮水槽等转弯处要
做交叉防滑槽。如果奶牛通道坡度过大，要采用台阶式逐级爬坡
的办法，防止奶牛易滑倒。奶牛行走通道至少要保证两头牛正常
通过（图 7-5）。

　　（5）饮水设备。提高奶牛
的生产性能，很大程度上取决
于可以自由饮水，所以饮水器
应该设计在奶牛很容易到达的
地方，很容易能畅快喝水的地
方，并且应该设计足够多的饮
水器，这样才能满足需要。奶
牛的需水量与季节、气温、饲
料品种、摄取饲料的数量、年
龄、体重、产奶量的高低等因

图 7-5　奶牛通道和刮粪板

素有关。在 10℃ 左右的环境下，每采食 1kg 干饲料，饮水量约需
3.54kg，在 24℃ 左右的环境下，每采食 1kg 干饲料，饮水量在
5.5kg 左右。泌乳期的奶牛比干奶期的奶牛需水量要大很多，如
日产奶 30kg，日供水量 90~110kg 才能满足奶牛的需要。每头泌
乳牛至少保证 10cm 以上的饮水空间，饮水槽的位置应保证奶牛

随时可以饮到水。饮水槽应便于清洗消毒,储水不能过大以便奶牛能随时喝到清洁卫生的饮水。在北方冬季水槽要保温或用电加热。饮水槽周围地面应当有适宜的坡度不至于积水,影响奶牛饮水(图7-6)。

(6)运动场。每栋牛舍都应配有运动场。运动场不宜太小,否则牛群密度过大,易造成运动场卫生状况差,乳房炎、蹄病增多。运动场面积一般为$20 \sim 40m^2$/头。成年乳牛的运动场面积应为每头$25 \sim 30m^2$;青年牛的运动场面积应为每头

图7-6 奶牛饮水槽

$20 \sim 25m^2$;育成牛的运动场面积应为每头$15 \sim 20m^2$;犊牛的运动场面积应为每头$8 \sim 10m^2$。运动场可按$50 \sim 100$头的规模用围栏分成小的区域。场地以三合土或沙质土为宜,并要有1.5%~2.5%的坡度,排水通畅。

2. 犊牛舍

犊牛是最脆弱和最敏感的群体,周边环境温度和牛舍条件对犊牛生长发育起着重要作用。所以特别强调一定要加强卫生管理,经常清扫消毒,犊牛最适宜的生活环境就是:清洁、干燥、通风、阳光充足、保温(图7-7)。犊牛舍设计

图7-7 犊牛舍

原则是,既满足饲养工艺要求,又能符合以上环境要求,达到减少犊牛疾病发病率,提高饲养成活率的目的。在生产上一般将1月龄的犊牛放在单个犊牛栏中饲养,2月龄以上的犊牛大群散栏

饲养。犊牛舍内头数不宜过大，每头犊牛占地面积 $1.8 \sim 2.5\mathrm{m}^2$，栏高 $1.2\mathrm{m}$。牛床面积与颈枷间距，参考下表。

表 牛床面积与颈枷间距

项目	0 ~ 6 月龄	7 ~ 12 月龄
牛床面积（cm）	120 × 60	140 × 80
颈枷间距（cm）	10 ~ 12	13 ~ 16

二、牛舍的建筑形式与结构

（一）建筑形式

牛舍常用的建筑形式有钟楼式、半钟楼式、双坡式 3 种。根据墙体的有无，还可分为封闭式、半封闭式和开放式两种，其中，开放式牛舍因通风良好，适合于河北、河南、山东和南方地区，没有墙体，造价适中。

（1）钟楼式。通风良好，适合于北方地区，但构造比较复杂，耗料多，造价高（图 7 - 8）。

（2）半钟楼式。通风较好，但是夏天牛舍北侧较热，构造复杂。

（3）双坡式。扩大门窗面积可以增强通风换气，冬季关闭门窗有利于保温，牛舍造价低，容易施工，实用性强。

（二）建筑结构

从牛舍地上部分的建筑结构来分，柱体可分为砖、木、竹、钢或砼结构。墙体从亚热带至北温带，依次可为：以栏代墙（敞开式）、网罩升降帘式（南敞开式）、砖墙或瓦楞钢板式、中空双层砖墙（或保温瓦楞钢板式），以适应不同的通风和保温要求。屋架可应用竹、木、钢作材料或是混合结构。屋面呈坡形，根据当地降雨量、气温和通风要求决定坡度大小。屋面防水材料以多层结构的土质瓦片为最佳，也可使用保温瓦楞钢板等防水材

1.钟楼式（封闭式）　　　　　　2.钟楼式（开放式）

3.半钟楼式（半封闭式）　　　　4.双坡式

图7-8　牛舍建筑形式

料作屋面，但切忌使用石棉瓦等有毒、有害材料作为牛舍建材。屋顶应配套设计通风（窗）口（道）等。

　　目前，新建牛场牛舍多采用开放式轻钢结构、彩板装配屋顶式奶牛舍。这种装配式奶牛舍系先进技术设计，采用国产优质材料制作。其适用性，耐用性及美观度均居国内一流，且制作简单，省时，造价低。

　　（1）适用性强。保温，隔热，通风效果好。奶牛舍前后两面墙体由活动卷帘代替，夏季可将卷帘拉起，使封闭式奶牛舍变成棚式奶牛舍，自然通风效果好。屋顶部安装有可调节风帽。冬季卷帘放下时通风调节帽内蝶形叶片使舍内氨气排出，达到通风换气效果。

　　（2）耐用。奶牛舍屋架，屋顶及墙体根据力学原理精心设计，选用优质防锈材料制作，既轻便又耐用，一般使用寿命在20 年以上（卷帘除外）。

（3）美观。奶牛舍外墙采用金属彩板（红色，蓝色）扣制，外观整洁大方、漂亮。

（4）造价相对较低。按建筑面积计算，每平方米造价仅为砖混结构、木屋结构牛舍的 80% 左右。

（5）建造快。其结构简单，工厂化预制，现场安装。在基础完成的情况下，一栋标准奶牛舍一般在 15～20 天即可造成。这种奶牛舍以钢材为原料，工厂制作，现场装备，属敞开式奶牛舍。屋顶为彩钢板镀锌板或太阳板，屋梁为 U 字形钢、角铁焊接，隔栏和围栏为钢管。轻钢结构、彩板装配式奶牛舍室内设置与砖混建筑的普通奶牛舍基本相同，其适用性、科学性主要体现在屋架、屋顶和墙体，宽敞通风以及方便于采用 TMR 等先进的饲喂和管理工艺技术。

（三）建筑要求

（1）基础。应有足够强度和稳定性，坚固；防止下沉和不均匀下陷，使建筑物发生裂缝和倾斜。

（2）墙壁。维持舍内温度及卫生，要求坚固结实、抗震、防水、防火、具有良好的保温、隔热性能，便于清洗和消毒，多采用砖墙。

（3）屋顶。防雨水、风沙，隔绝太阳辐射。要求质轻坚固结实、防水、防火、保温、隔热，抵抗雨雪、强风等外力影响。

（4）地面。要求致密坚实，不硬不滑，温暖有弹性，易清洗消毒。大多数采用水泥，其优点是：坚实，易清洗消毒，导热性强，夏季有利散热；缺点是：缺乏弹性，冬季保温性差，对乳房和肢蹄不利。

（5）门。泌乳牛门宽 1.8～2.0m，门高 2.0～2.2m；犊牛门宽 1.4～1.6m，门高 2.0～2.2m。

（6）窗。窗户的设置应符合通风透光的要求。窗户面积与舍内地面面积之比，成牛 1：12，小牛 1：10～14。一般窗户宽 1.5～2m，高 2.2～2.4m，窗台距地面 1.2m。

第五节　机械化挤奶厅的建设

挤奶厅是奶牛养殖场中最重要的关键设施。在自由散栏饲养的奶牛场利用挤奶厅挤奶最方便。挤奶厅可以提高工人的工作效率，改善工作条件以及周围环境卫生状况。除了设有挤奶台的挤奶间外，挤奶厅还要设置贮奶间、更衣室、洗涤室、奶品检测间、锅炉房、机械间等辅助用房。

一、奶厅选址

为了牛群周转以及人员的方便，挤奶厅要建在泌乳牛舍的附近和采光、通风条件最好的位置，并且位于奶牛场的上风处或中部侧面，要保证奶牛在进出时避免冬季寒风的吹袭。同时要有专用的运输通道，不可与污道交叉。挤奶厅的设计和建造还应考虑将奶牛离开饲料和饮水的时间尽可能降到最低。既便于集中挤奶，又减少污染，避免运奶车直接进入生产区。

二、挤奶台

（一）挤奶台形式

挤奶间的挤奶台上设有的挤奶栏位数约为可挤奶牛群的8%～10%，每个挤奶栏位都必须配有相应的挤奶设备，包括洗涤设备、挤奶器、牛奶计量器、牛奶输送设备等，挤奶设备宜选择具有牛奶计量功能如玻璃容量瓶式或电子计量式挤奶机械。常见的挤奶台有以下几种形式。

1. 横列式

挤奶栏位的排列与牛舍相似，箭头表示了奶牛的行走路线，奶牛从待挤场进入挤奶间中挤奶台内的挤奶栏位里，由挤奶员进行挤奶前的各种工作以及挤奶。每个挤奶栏位需要建筑面积 6m² 左右。挤奶员在

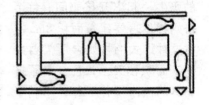

图 7-9　横列式

工作时需要弯腰操作，劳动强度大，且劳动效率不高。这种横列式挤奶厅一般只适用于小型奶牛场，建成较早的奶牛小区和内蒙古地区的奶站挤奶厅仍较为常见，新建奶牛场现已不采用（图7-9）。

2. 串列式

与横列式不同的是，在挤奶栏位中间设有挤奶员操作的地沟，这样挤奶员操作时就不需要弯腰，即减轻了劳动强度，效率也得到了提高；同时，识别牛容易，乳房无遮挡。这种形式的挤奶台的挤奶栏位数不

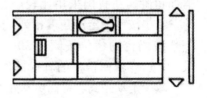

图 7-10　串列式

能过多。一般沟深为 0.6~0.85m。每个挤奶栏位需要建筑面积 5m² 左右。缺点是挤奶员行走距离长，每个挤奶员最多只能操纵一排 4 个牛位，每工时可挤 20~30 头奶牛，只能适用于规模不大（100 头以下）的牛场，新建小型奶牛场已基本不采用（图7-10）。

3. 侧进式

挤奶栏位和走道平行布置在地沟两侧，奶牛从每个挤奶栏位的后侧门进，前侧门出。这样便于照顾高产奶牛，挤完奶的奶牛

可以先行离开，不必等待其他的奶牛一起离开挤奶间。每个挤奶栏位需要建筑面积 8m² 左右这种形式的挤奶台所需要的建筑面积较大，并且打断了挤奶员的流水操作顺序，不利于提高工作效率，只适用于规模不大的奶牛场，这种形式的挤奶台并不多见（图 7 – 11）。

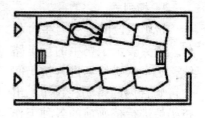

图 7 – 11　侧进式

4. 鱼骨式

也称为斜列式挤奶台，它综合了前 3 种挤奶台的优点，挤奶台两排挤奶机的排列形式有如鱼骨，在我国采用比较广泛。奶牛按照一定的角度排列，一般挤奶台的栏位按倾斜 30°

图 7 – 12　鱼骨式

设计，这样就使得牛的乳房部位更接近挤奶员，有利于挤奶操作，减少走动距离，提高劳动效率，每工时可挤 30 ~ 40 头奶牛。大型的鱼骨式挤奶台排成菱形，有 32 个挤奶栏位，生产效率非常高。每个挤奶栏位只需要建筑面积 4m 左右，建筑面积比较紧凑，节约了用地。同时，基建投资低于串列式，在生产中用得比较普遍，一般适用于中小型规模的奶牛场（图 7 – 12）。

5. 并列式

这种形式的挤奶台可以使挤奶员能够从牛的两后腿间接触乳头，使挤奶更舒适且符合人类工程学，即奶牛的站位与挤奶操作员站立的坑道成 90°，这样挤奶点之间的距离最小。从牛的后腿间挤奶，可使操作更简单、安全。并列式挤奶机也是一种快放式挤奶机，奶牛站位设计充分考虑到了奶牛的舒适度，牛群进出顺

畅。挤奶完毕后前面的颈栏在
4s内全部抬起，台上的奶牛可
以快速放出，极大地提高了奶
牛流动效率。与鱼骨式挤奶台
相比，奶台的长度可缩短
40%，节省土建投资，适用于
大型牧场（图7-13）。

6. 转盘式

这种形式的挤奶台利用可
转动的环形挤奶台进行流水作
业。其优点是奶牛鱼贯进入挤
奶厅，挤奶员在入口处冲洗乳
房，套奶杯，不必来回走动，
操作方便，每转一圈7~
10min，转到出口处已挤完奶，
每工时可挤50~80头奶牛，劳
动效率高，适用于较大规模的

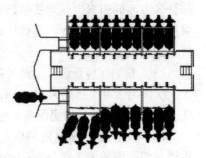

图7-13 并列式

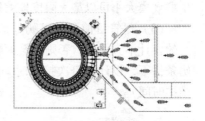

图7-14 转盘式

奶牛场。由于劳动效率高，挤奶栏位数可减少到挤奶牛群数的
5%~6%。目前，主要有鱼骨式转盘挤奶台和并列式转盘挤奶台，
但设备造价高，目前，在我国还难以大面积推广，这种形式的挤
奶台适用于大型的奶牛场（图7-14）。

（二）设计要求

挤奶厅设计主要考虑采用什么类型的挤奶设备，然后根据设
备确定建筑物的大小。目前，鱼骨式、并列式和转盘式挤奶厅是
挤奶厅建筑的主流形式。转盘式挤奶厅要扩大容量比较困难，而
并列式和鱼骨式挤奶厅扩大容量就容易得多。转盘式设备投资
大，转盘式挤奶设备的投资大约是同等规模的并列式设备的1.5
倍以上，鱼骨式的设备价格相对便宜，但是，运行效率相对低，

综合各方面的因素，并列式挤奶厅设备价格适中、效率高。不管采用何种形式的挤奶厅，其规格必须与奶牛群匹配才能避免挤奶效率的损失。

（1）挤奶厅容量设计。每天2次挤奶—每次挤奶时间10h；每天3次挤奶—每次挤奶时间6.5h；每天4次挤奶—每次挤奶时间5h。以此标准设计的挤奶厅容量包括了清洁和设备维护的时间。

（2）牛舍及牛群规模的确定。应基于每个泌乳牛群的班次挤奶时间，即每天2次挤奶—每班60min；每天3次挤奶—每班40min；每天4次挤奶—每班30min。在此挤奶时间框架内确定的牛群规模大小可以最大限度地缩短奶牛离开饲料和饮水的时间。

（3）尽管目前各种挤奶厅的可靠性都很高，但班次挤奶时间的设计不宜太长，否则仍会面临风险。新建奶牛场每天3次挤奶条件下，设计的班次挤奶时间建议不超过每次6h（包括清洁维护时间）。

三、待挤区

设计挤奶厅的时候，要布置适当规模的待挤区等来保证挤奶台高效率运转。待挤区是奶牛最集中的区域，应考虑降温措施以降低奶牛在此滞留过程中的热应激。一般根据当地气候设计成敞开式或封闭式。天气比较冷的地方应该设计在屋内。待挤区容量设计基于每头奶牛1.35m²（一群奶牛需要的最小空间），一般按牛均不低于1.5m²设计较为合适。待挤区牛头数设计至少要按挤奶设备牛位的两倍设计，这是因为必须有一批牛等在门外，才能提高设备的利用效率。另外，如果待挤区是非水冲式设计，则应增加25%的设计面积，以便在第一群奶牛挤奶接近完成时容许第二群奶牛进入待挤区（赶牛器相隔）。待挤厅地面坡度3%~5%，足够的坡度符合奶牛趋坡行走的习性，也便于挤奶结束后的地面清理。

四、挤奶通道

牛舍到挤奶厅的通道宽度应根据牛群大小来确定。通常情况下，每个泌乳牛群小于 150 头的情况下通道宽度为 4.5m；牛群在 150～250 头时，通道宽度增加到 5.5m；251～400 头时为 6.0m；牛群大于 400 头时，通道宽度应达到 7.5m。

合理设计挤奶通道和挤奶厅出口的尺寸可以减少奶牛往返挤奶厅的通行时间。返回通道的宽度取决于挤奶厅一侧的牛位数量。如果一侧牛位数量在 15 头以下，则狭道净宽度 0.9m；如果在 15 头以上，那么返回狭道理想的净宽度应为 1.5～1.8m。

五、其他

除了设有挤奶台的挤奶间外，挤奶厅还要设置贮奶间、更衣室、洗涤室、奶品检测间、锅炉房、机械间等辅助用房。贮奶间主要是用来放置制冷贮奶罐。奶罐是根据每天的产奶量来设计的，除满足存放当日的牛奶外，还要考虑留一个备用罐，以防止意外情况发生，如设备损坏、当天的奶没有卖出去等；二是需要考虑设计锅炉间、计算机房、压缩机房以及厕所等。锅炉房要与贮奶间有一定的距离，贮奶间最好布置在背阴面，并接近奶品检测间。

第六节 奶牛场附属设施的配置

奶牛场的附属设施包括饲料加工与存储区、兽医室、病牛隔离舍、运动场和凉棚、粪污处理区、锅炉房等。

一、饲料加工与存储区

饲料加工与存储区设计是否合理，直接关系到整个奶牛场设计的成败。饲草饲料区主要包括的建筑物和构筑物有：青贮窖（池）、干草料库、精料库（有的场这里是一个饲料加工间）。

（一）青贮窖

建设坚固结实、经久耐用、方便实用的青贮窖，首先要选择好合理的地址。一般选择建在地势较高、土质坚硬、地面干燥、地下水位低、远离污染源的地方，而且要方便加工调制和取用饲喂。在青贮方法中，我们提倡的首选是地上青贮，尤其是硬化地面上的青贮，只要在较高、夯实的地面上水泥浇筑成一个平整场地即可，但要注意设置排水；这种方法比其他永久性青贮窖的造价低，但不方便压实，技术性及经验性要求比较高，整个青贮过程完成的时间更要求一个快字。此种方法在国外被广泛采用。其次是半地下和地下青贮。

设计青贮窖，必须要知道奶牛场的设计规模，到底需要多少青贮饲料，这样才能计算出要设计多大的青贮窖。我们知道，每天每头牛设计平均需要量15kg（这里已经包含浪费、霉变的青贮损耗）；全群按12个月储备，也可按照13个月储备；每立方米青贮料的重量按500kg进行保守计算（实际容重根据压实情况不同，一般为600kg左右。青贮窖不要设计太宽，若每天掘进量太少，会加剧青贮氧化，浪费严重。根据每日饲喂量，青贮挖取面每天掘进不应少于0.5m。青贮窖的堆料高度一般设计为2～2.5m，如果采用机械取料，高度可设计为2.5～3.5m。青贮窖设计不宜太长，因为制作青贮饲料时要求在比较短的时间内填满一池，尽快覆盖密封，一般长度在60～100m。在多雨的地方青贮窖要设计成地上式，可以采用现浇钢筋混凝土、毛石砌筑或砖砌。地上式青贮窖虽然一次性投资有所增加，但是每年可以少浪费5%左右的青贮料，建议有条件的奶牛场制作地上式青贮窖。

（二）干草料库

根据自身资金和当地气候等因素确定建造干草料库的样式，

简易的可以不用建库，只用石头或其他材料做一个高度60cm左右高度的台子，把干草捆码垛在上面，用苫布盖好即可。设计干草料库就要计算干草用量，一般按照每头牛每天按5kg，每立方米干草重量300kg计算，同时兼顾干草采购次数（采购次数多，库房面积可适当缩小），设计高草料库大小。库中草捆码放高度一般按3～3.5m计算，大型牧场如采用机械操作，高度可以适当增加。

（三）精料库

精料库最好单独设立一个与外界联系的大门，门口设置一个消毒池，进出的车辆和个人都需要进行严格的消毒。精料库设计要看是否安装饲料加工机组，对于一个1 000头存栏的奶牛场，如果有饲料加工机组，加工间的大小一般18m×12m可以了。现在奶牛场多采用TMR设备，本身具有搅拌功能，所以，一般不再需要精饲料加工机组。精料库（存放成品全价料或玉米、豆粕等原料）的大小按储备至少2个月饲料的用量设计，码放高度≤1.5m，码放面积为库内面积的50%。为了防止受潮，门窗要时常通风。

二、兽医室

兽医室是养牛场必备的建筑设施之一，其主要作用是存放一定量的药剂，并为场内的兽医提供工作的场所，方便兽医对牛群的检查和对病牛的治疗。兽医室一般与输精室相邻，根据牛场规模配备相应数量的工作人员和设备。

三、病牛隔离舍

病牛隔离舍要与整个生产区保持一定的距离，一般要在100m以上，最好在生产区的下风向，以免病菌对生产区造成影响。隔离室的牛床要比一般的牛床长且宽，最好是对尾布置。牛

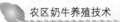

床的数量要按照整个场区牛群数量的2%~5%来建设。

四、运动场和凉棚

运动场一般根据实地情况和牛舍位置，设置在牛舍一侧或两侧。对于运动场在牛舍阳面的，冬季可以使奶牛获得足够的光照，改善运动场的卫生环境，有利于牛群的生长发育，但是，不利于夏季的防暑，所以设置在牛舍阳面的运动场需要设置凉棚，并在四周栽种高大的落叶树木，以便夏季遮阴。运动场要为牛群设置饮水器具，以保证牛群饮用水的清洁、卫生。饮水槽一般设置在运动场内，有助于牛的运动消化，水槽周围应铺设一定宽度的水泥地面，保证水槽周围场地的干净整洁。

五、粪污处理区

粪污处理区设计的主要是污水池。污水池的容积要根据奶牛每头排出的尿量（20～30kg）、牛舍与奶厅冲洗消毒消耗的水量和污水池排空频率来综合设计。

六、锅炉房

锅炉房是对整个场区提供采暖的主要设施。锅炉房要与生产区保持一定的距离，以避免灰尘对生产区的污染。同时还要尽量缩短管线距离，以便节约投资，降低建设和运行成本。

第八章　奶牛场的饲养管理

第一节　奶牛的习性与行为

一、奶牛的一般习性

（一）合群性

据观察，多头母牛在一起组成一个牛群时，开始有互相顶撞的现象。一般年龄大、胸围和肩峰高大者占统治地位。待其确立统治地位和群居等级后就会合群，相安无事。这个过程视牛群大小及是否有两头或以上优势牛而定，一般需 6 ~ 7 天。母牛在运动场上往往是 3 ~ 5 头在一起结帮合卧，但个体间又不是紧紧依靠在一起，而是保持一定距离，不喜欢独处。

（二）好静性

奶牛好静，不喜欢嘈杂的环境。强烈的噪声会使奶牛产生应激反应，产奶量下降，或出现低酸度酒精阳性乳，但播放轻音乐则会使奶牛感到舒适，有利于泌乳性能的发挥。

（三）好奇性

奶牛对人和周围的环境往往表现出好奇性，当有人经过饲槽前奶牛会抬头观望，甚至伸头与人接近。当有人站在运动场边敲打铁栏杆时奶牛会跑过来围观，年龄越小，好奇性越强。当饲槽内有异物时，奶牛会用舌头舔它，如可食会将其吃下。

（四）温顺性

母牛一般比较温顺，相互靠在一起也不争斗，尤以高产母牛特别明显，但也有少数母牛在牛群中争强好斗，在采食、饮水或进出牛舍时以强欺弱。对这样的个体牛应在犊牛期去角或将其角尖锯平，对特别好斗、比较凶猛的个体牛应从牛群中淘汰或转群，以免造成人牛不必要的损伤。

二、奶牛的一般行为

（一）母牛护犊行为

一般从犊牛出生开始，延续至断奶时止。这种行为在品种之间的差异很大。母牛出于天性，当犊牛下生后，母牛有极明显的护犊行为，将犊牛全身舔干并发出亲昵柔和的叫声。当新生犊牛试图起立而身体摇晃、步态不稳时，母牛表现出十分关切和紧张不安的神情。犊牛在母牛舌舔动作和叫声的鼓励下，终于站起来并开始寻找乳头。如果母牛在运动场产犊后，往往会驱赶想要接近犊牛的其他奶牛，当工作人员将犊牛抬走时，母牛往往会追赶。

（二）好斗行为

好斗行为主要表现在公牛身上，偶尔也可见两头母牛头角相抵的现象。

（三）模仿行为

是指奶牛之间互相模仿的行为。当牛群中某一头牛做出某一动作时，其他的牛跟着做同样的动作，例如，一头奶牛开始从运动场走入挤奶厅时，其他奶牛就跟着走入厅内。

（四）探索行为

奶牛有好奇并具探索周围环境的脾性。它们通过看、听、闻、触等行为对周围事物进行探索。每当奶牛进入新环境，它的第一反应就是进行探索。因此，对新调入的奶牛，在进行管理或训练时要容许它们有一定时间对新环境了解和适应。

（五）清洁行为

健康奶牛通过舌舔、抖动等行为来清理被毛和皮肤，保持体表清洁卫生。体弱奶牛清洁能力差，导致被毛逆立、粗乱无光，体表后肢污染严重。奶牛喜欢清洁、干燥的环境，因此牛舍地面应在饲喂结束后及时清扫，冲洗干净，运动场内的粪便应及时清除，保持干燥、清洁、平整，防止积水，夏季要注意排水。另外，奶牛喜欢在松软处卧息反刍，不喜欢硬质的运动场地（例如，水泥、砖块铺成的运动场地）。

三、奶牛的生理行为

（一）采食行为

奶牛采食相对比较粗放，采食时不加选择，采食后不经仔细咀嚼即吞下，待卧息时进行反刍再咀嚼。因此，饲喂时要注意清除混在饲料中的铁钉、铁丝等金属异物，否则极易造成创伤性心包炎；饲喂块根类饲料时要切成片状或粉碎后饲喂，料块过大易引起食道堵塞。奶牛习惯于自由采食，每天采食10余次，每次20~30min，累计每天6~7h，躺卧休息时间为9~12h。牛自由采食最活跃的时间是黎明和黄昏，其次是上午中段时间和下午早期。牛每天饮水1~4次，一天的饮水量是日粮干物质进食量的4~5倍。当奶牛饮水时，突然头抬高，左右甩动，颈伸直，口内流出大量唾液，可能是发生食道阻塞，应及时治疗。

（二）反刍行为

奶牛采食后经初步咀嚼混入唾液形成食团吞下，进入瘤胃，经碱性唾液软化和瘤胃内水分浸泡后，待卧息时再进行反刍。反刍包括逆呕、再咀嚼、再混入唾液、再吞咽4个过程。奶牛一般采食后30~60min开始反刍，每次反刍持续时间40~50min，每个食团约需1min，一昼夜反刍10余次，反刍累计时间长达6~7h。因此奶牛采食后应给予充分的休息时间和安静舒适的环境，

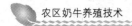

以保证奶牛的正常反刍。反刍是奶牛健康的标志之一，反刍停止则说明奶牛已患病。

（三）排泄行为

奶牛是一种随意排泄的动物，通常是站立排粪或者边走边排粪，排尿则往往站立着。由于奶牛的采食量和饮水量大，粪尿的排泄量也大。奶牛是家畜中排粪尿量最多的动物，一昼夜排粪12～18次，排尿9次。成年母牛一昼夜排粪量多达30kg，占日采食总量的70%左右，一昼夜排尿量约为22kg，占饮水总量的30%左右。成年牛一年的排粪量多达11t，排尿量多达8t。牛排泄次数和排泄量随采食饲料的性质和数量、环境温度，以及牛个体不同而异。

（四）发情行为

奶牛发情时，首先表现性兴奋，不停地走动、哞叫，与其他母牛在运动场互相追逐，接受其他母牛的亲近、爬跨，发情结束后则逃脱其他母牛的爬跨。奶牛发情持续时间平均18h，变化范围6～30h。当发情母牛接受其他母牛爬跨且站立不动时，是配种的最佳时间。

四、奶牛的异常行为

（一）病理性异常行为

奶牛的异常行为人们尚未完全了解，而且异常行为随生产条件、环境因素等有所变化，为此需进行更深入的研究。

奶牛的鼻镜通常由于鼻唇腺的分泌而湿润，10日龄内的犊牛除哺乳外鼻镜是干燥的，其湿润程度随年龄而增加。睡眠时鼻镜的光泽和潮湿外观消失。分泌在采食和同类接触时有所增加。奶牛患病时分泌停止，鼻镜干燥，结痂和发热，由此可作为奶牛疾病的一特定症状。

奶牛的异食癖是一种异常行为，多数是营养缺乏、厌烦无聊

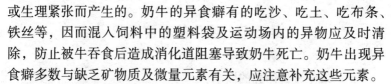

或生理紧张而产生的。奶牛的异食癖有的吃沙、吃土、吃布条、铁丝等，因而混入饲料中的塑料袋及运动场内的异物应及时清除，防止被牛吞食后造成消化道阻塞导致奶牛死亡。奶牛出现异食癖多数与缺乏矿物质及微量元素有关，应注意补充这些元素。

（二）恶癖及其预防

1. 成年母牛的恶癖（恶习）及其预防措施

少数奶牛由于痛感、被吓唬或受虐待（抽打等）而产生踢癖，给挤奶带来不便，有的在挤奶时将两后肢用绳索或铁链固定，以此保护挤奶人员免受伤害。应提倡善待奶牛，饲养、挤奶人员不要轻易抽打牛只，建立人牛亲和关系，从而使奶牛易于亲近和接受工作人员的管理。

在管理简陋的中小型奶牛场，极个别的母牛有偷吃他牛或自吮乳的现象，造成产奶量锐减或挤不到奶，并容易引发乳房炎，对这类牛应该果断淘汰。

2. 犊牛吮乳习性及预防

处于哺乳期的犊牛在哺乳后总有吃不足之感，为此而产生相互吸吮嘴巴上的余奶，以至延伸到互舔毛或吮吸奶头。牛毛进入胃中易形成毛球，甚至堵塞幽门而丧命；习惯性的吮吸奶头易引起乳头发炎。预防措施如下：①有条件的牛场最好建立犊牛栏（岛），一头犊牛一个栏，避免犊牛间相互舔，以及传染病的发生，可提高犊牛成活率。②用0.5%的高锰酸钾溶液（温水）给喝奶后的犊牛擦洗嘴巴，除去乳香味，可避免犊牛间相互吮吸嘴巴上的余奶。③犊牛哺乳结束后不要马上松开颈枷，可在奶桶中撒入少量的犊牛料（或开食料）让其自由采食，使其忘却乳香并能补充奶量的不足，也为补喂混合饲料提前做好准备。

第二节　奶牛的分群饲养

一、奶牛分群饲养的概念

所谓奶牛分群饲养，就是根据奶牛的生理阶段、用途、体况的不同把牛群分成若干个群，对每个群的奶牛提供不同的饲料和管理。在奶牛场生产过程中，会把奶牛分成不同群体，不同的牛场分法也不尽相同，比较常见的是把奶牛群分为犊牛、育成牛、泌乳牛、干乳牛，在每个部分中还会根据实际有更细的划分，在后面会具体谈到。

二、奶牛分群饲养的好处

（1）有利于犊牛的生长发育。在过去粗放的饲养过程中，犊牛到了该断奶的年龄仍然和母牛混在一起，致使犊牛经常吃奶，不能很好地采食粗料和精料，其瘤胃不能得到很好的发育，早期发育不良会影响成年后的生产性能。

（2）有利于育成牛的培育。如果奶牛在育成期和成年母牛饲养在一起，势必会造成育成牛不能很好地采食，最终造成营养不良，生长发育不能达到培育目标。

（3）可根据不同牛群的生产水平制定日粮营养水平，如：高产奶牛群可采用高能、高蛋白的日粮，低产奶牛群可采用低能、低蛋白的日粮，从而使日粮的配制更有针对性、更科学、更准确。

（4）可随着泌乳阶段和产奶水平的变化，调整日粮精粗料比例。

（5）对于低产牛群，可配制一些廉价的日粮，降低饲养成本。

（6）不同牛个体的产奶量趋于一致，有利于挤奶厅的工作管理。

（7）不同牛个体的生理阶段趋于一致，有利于牛群的发情鉴定和妊娠检查。

（8）由于相似的泌乳阶段和生产水平的牛只在一个组，管理工作更为便利，便于提高工作效率。

三、奶牛分群时应注意什么

（1）应按月龄和个体将犊牛、育成牛分群。

（2）尽可能将产犊月份相同的奶牛分在同一个群，以便日粮能随着泌乳期的变化进行调整。

（3）尽可能多分几个群，以减少不同群间的日粮营养水平差异，使配制的日粮更有针对性。

（4）当奶牛从高能日粮群转到低能日粮群时，开始几天应适当提高低能日粮群能量水平，而后再逐渐降到正常水平。

（5）喂给优质的粗料，并为新转来的奶牛提供足够的饲槽空间。

（6）高产牛及头胎母牛应在高营养混合日粮群滞留时间长一些，以便于青年母牛的生长和高产牛体况的恢复。

（7）刚开始分群饲养时，转群应激较大，在营养配方标准上可适当提高，随着个体的适应，转群应激也逐渐变小，营养标准恢复正常水平。

第三节　犊牛的饲养管理

犊牛是指出生至 6 月龄的小牛，在此阶段，牛正处于生长发育时期。因此，它的饲养培育正确与否，对奶牛成年体型的形成、采食粗饲料的能力以及到成年期后的产乳和繁殖性能都有极其重要的影响。

一、新生犊牛的饲养管理

(一) 清除黏液

当犊牛出生后，应首先清除口鼻的黏液以免妨碍呼吸造成犊牛窒息或死亡。如已经吸入黏液影响呼吸或假死（心脏仍在跳动），应立即将犊牛两后肢提起并拍打其胸部使之排出黏液，恢复正常呼吸。然后用干草或干抹布擦净犊牛身体上的黏液，以免犊牛受凉，特别是外界温度较低时这一步骤尤为重要。

(二) 断脐带

如脐带已经断裂，可在断端用5%碘酊进行充分消毒；脐带未断时先把脐部用力揉搓1~2min，距腹部6~7cm处用消毒的剪刀剪断，然后挤出脐带中的黏液并用5%碘酊将脐带内外充分消毒（可将脐带剩余部分放在碘酊中浸泡1~2min），以免发生脐炎。

(三) 编号

根据国家对奶牛的编号规定对母犊牛进行编号，牛只编号由12位字符、分四部分组成：

(1) 省（区、市）代码。共2位，占编号的第1位和第2位，全国各省（区、市）的编号，见国标GB/T 2260。例如，北京市编号为"11"，天津市编号为"12"，河北省编号为"13"。

(2) 牛场号。共4位，占编号的第3~6位。这部分编号由各辖区畜牧主管部门统一编制，编号原则由各辖区统一制定，编号由英文字母和阿拉伯数字组成。

(3) 牛只出生年度编号。共2位，占编号的第7~8位，统一采用出生年度的后两位数，例如2007年出生就写成"07"。

(4) 牛只年内母犊出生顺序号。共4位，占编号的第9~12位，用阿拉伯数字表示，不足4位数以0补齐。

示例：河北省某奶牛场，有一头荷斯坦母牛出生于2007年，

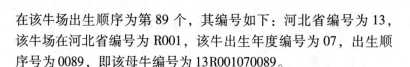

在该牛场出生顺序为第 89 个，其编号如下：河北省编号为 13，该牛场在河北省编号为 R001，该牛出生年度编号为 07，出生顺序号为 0089，即该母牛编号为 13R001070089。

（四）称重记录

将编号后的犊牛称体重，记录初生重、出生日期、系谱等相关数据。有条件的牛场可对犊牛进行拍照，对其外貌特征进行记录。

（五）喂初乳

奶牛分娩后 5 ~ 7 天内所产的乳叫初乳。犊牛生后，应在 1h 内饲喂其母亲的初乳，如犊牛母亲死亡或患有乳房炎，使犊牛无法吃到母亲的初乳，可用其他产犊时间基本相同健康母牛的初乳。

犊牛初生时，抗体（大分子蛋白质）经过消化便可通过犊牛肠壁进入血液中，经 2 ~ 3h 后，由于肠道下段的渗透性降低，大分子蛋白质则无法通过肠壁进入血液中。所以，晚上出生的犊牛，如到第二天喂初乳，它可能无法吸收全部抗体，出生后 24h，抗体吸收几乎停止。

1. 初乳的特点

初乳具有很特殊的生物学特性，是新生犊牛不可缺少和替代的营养品。其特殊作用表现如下。

（1）初乳可以替代肠壁上的黏膜。新生犊牛肠胃空虚，第四胃及肠壁黏膜不很发达，对细菌的抵抗力很弱。而初乳的特殊功能就是能代替肠壁黏膜的作用，初乳覆盖在胃肠壁上，可阻止细菌侵入血液中，提高对疾病的抵抗力。

（2）初乳中含有溶菌酶和免疫球蛋白，可以杀死或抑制多种病菌。

（3）和常乳相比，初乳酸度较高，可使胃液变为酸性，不利于有害细菌的繁殖。

（4）初乳可以促进真胃分泌大量的消化酶，促使胃肠机能尽早完善。

（5）初乳中含有较多的镁盐，有轻泻作用，可以促进初生牛犊排出胎粪。

（6）初乳含有丰富而易消化的养分。母牛产后第一天分泌的初乳中干物质总量比常乳多1倍以上，其中蛋白质含量高4~5倍，脂肪含量多1倍左右，维生素和胡萝卜素多10倍左右，各种矿物质含量也很丰富。

2. 初乳的哺喂方法

挤出的初乳应立即哺喂犊牛，如奶温下降，需经水浴加温至38~39℃再喂，饲喂过凉的初乳容易造成犊牛下痢，奶温过高则容易发生口炎、胃肠炎等或犊牛拒食。初乳切勿明火直接加热，以免温度过高发生凝固。可以使用犊牛奶瓶人工哺喂。通常第一天喂初乳5kg，分3~4次哺喂。第一次饲喂健康犊牛时初乳喂量是2kg，体弱牛0.75~1kg，切记第一次喂初乳的量不能过大，以防消化紊乱。此后，犊牛每天初乳喂量为犊牛体重的8%，分3次哺喂，每次喂量应大致相同，连续喂3天，以后可喂常乳。在每次哺喂初乳之后1~2h，应给犊牛饮温开水（35~38℃）一次。

二、哺乳期犊牛的饲养管理

（一）哺乳期犊牛的饲养

犊牛哺乳期的长短和哺乳量因培育方向、所处的环境条件、饲养条件不同，各地不尽一致，哺乳期长短不做硬性规定。有的牛场实行3个月断奶，有的牛场2个月断奶。河北廊坊有牛场以犊牛吃奶后能连续三天吃下1kg犊牛料为断奶标准。

1. 独笼（栏）饲养

目前，国外多采用户外犊牛栏培育犊牛。户外犊牛栏多建于背风向阳、地势高燥、排水良好的地方。户外犊牛栏由轻质板材组装而成，可随意拆装移动。每头犊牛单独一栏，栏与栏之间间隔一定的距离。国内一些牛场是在犊牛初生后放入犊牛舍，犊牛舍内设有犊牛栏，犊牛断奶之前在单独的犊牛栏中饲养，每头犊牛约占 $1.5 \sim 1.8 m^2$。

2. 哺喂优质的常乳

哺乳期犊牛哺喂常乳有两种方法，一种为保姆牛哺育法，一种为人工哺育法，目前多采用人工哺育法。通常犊牛在哺喂初乳 3 天后开始哺喂优质混合常乳，常乳日喂量一般按体重的 10% 计算，每天人工哺喂 3 次，乳的温度仍以 38~39℃ 为宜。

3. 供给优质饲料

（1）补喂干草 犊牛生后 1 周开始训练采食干草，方法是在犊牛栏上放置优质的干草任其采食，及时补喂干草可以促进犊牛的瘤胃发育和防止舔食异物。

（2）补喂精料 从哺喂常乳开始，就在犊牛栏上加放精料盆，内装犊牛颗粒料，每天投放 1kg，锻炼犊牛采食精料的能力。

4. 供应充足清洁的饮水

犊牛在初乳期即可在两次喂奶的间隔时间内人工供给 38℃ 左右的温开水，15 天后改饮常温水，30 天后可任其自由饮水。

（二）哺乳期犊牛的管理

1. 卫生管理

犊牛生后最重要的工作是卫生，卫生管理的目的是预防消化道和呼吸道疾病，保证犊牛的正常生长发育，避免犊牛生病或死亡。

（1）搞好犊牛的哺乳卫生。犊牛进行人工喂养时应切实注意哺乳用具的卫生。哺乳用具每次用后应及时清洗、消毒。饲槽、料盆在刷洗干净后消毒。

（2）搞好犊栏卫生。犊牛生后应及时放进育犊舍内的单独的犊牛栏中，育犊舍内牛栏及牛床应保持干燥，并铺以干燥清洁的垫料（国内一般用垫草，国外有的使用碎木屑）。垫料应勤打扫、勤更换，犊牛舍内地面、围栏、墙壁应清洁干燥并定期消毒。同时犊牛舍内应阳光充足，通风良好，空气新鲜，夏防暑冬保暖。

（3）搞好犊牛皮肤卫生。犊牛皮肤的刷拭在管理上十分重要。因为刷拭对皮肤有按摩作用，可促进皮肤的血液循环，有利于皮肤的新陈代谢；同时皮肤刷拭保持了皮肤清洁，有利于防止外寄生虫的孳生。皮肤刷拭每天可 1~2 次，刷拭时可用软毛刷，必要时辅以硬毛刷，但用劲宜轻，以免损伤皮肤。

2. 犊牛去角

一般在生后 5~7 天内进行。去角方法是：先剪去角基部的毛，然后用火碱棒在剪毛处涂抹，这样可以破坏成角细胞的生长，约 15 天后该处便结痂不再长角。也有牛场在生后 10 天左右进行，用电烙铁将犊牛角根部烙糊，效果也不错。

3. 去副乳头

奶牛乳房上有副乳头，对清洗乳房不利，也是发生乳房炎的原因之一。所以，犊牛在哺乳期内应剪除副乳头，适宜的时间在4~6 周龄。去除方法：先将乳房周围部位洗净消毒，将乳头轻轻拉向下方，在连接乳房处，以锐利的消毒剪刀将乳头剪下，然后用碘酊在伤口处消毒。如副乳头过小，一时还确认不清，可等到副乳头长得明显时再剪除。

（三）断奶犊牛的饲养管理

断奶犊牛是指从断奶到 6 月龄的犊牛。犊牛断奶后，从单独的犊牛栏转入到犊牛区混合饲养。这个时期的犊牛饲养应注意以下几点：

（1）保证优质干草的供应。每头犊牛每天饲喂优质苜蓿干草 2~2.5kg，分两次饲喂，羊草自由采食。

（2）保证优质精料的供应。每头犊牛每天饲喂颗粒精料2.5~3kg，每天分3次饲喂。

（3）保证干净充足的饮水。在犊牛区设置水槽，每天对水槽进行刷洗，保证犊牛能喝到充足而干净的水，水温度不做特殊要求，但是冬天犊牛饮水绝不能饮用冰碴水，否则容易引起消化道疾病。

（4）保证盐和微量元素的供给。在犊牛区设置犊牛舔砖，让犊牛自由舔食，以保证盐和微量元素的供给。设置舔砖应防雨防潮。

（5）保持圈舍的干燥清洁。对犊牛区应经常进行清理、打扫，及时清除粪便，并保持圈舍干燥。夏季雨水较多，如圈舍内潮湿，应及时采取干燥措施，否则犊牛很容易得病。

第四节　育成牛的饲养管理

犊牛满6个月后转入育成牛群，直到18月龄，称育成牛；18月龄后到初次产犊叫青年牛；这里将二者统称为育成牛。育成牛在6~24月龄时正处于快速的生长发育阶段，育成牛培育的目标是保证奶牛在此阶段获得较高的增重速度，心血管系统、生殖系统、消化和呼吸器官、乳房和肢蹄得到良好发育。

育成牛不论采取拴系饲养还是散放饲养，公母牛都应分群管理；并根据牛群大小，尽量把月龄相近的牛再分群，一般母牛按6~12月龄，12~18月龄、18月龄~初产分群。

一、育成牛的饲养

（一）育成牛营养需要特点

育成牛在生长过程中沉积脂肪的能力极强，随着体重由45kg增加到410kg，体组织水分含量由72%降到54%，脂肪含量由

3%增加到24%；而蛋白质和灰分的沉积同体重增加同步，分别保持在1%和4.5%左右。培育青年牛的目标是16~18月龄配种时体重不低于350~380kg，控制在450kg以内，体高不低于130cm。此外，育成牛骨骼发育非常迅速，钙磷是必不可少的矿物质营养素。因此，一般在精料中需要添加1%~3%的钙质饲料和1%的食盐。

（二）舍饲条件下的育成牛饲养

1. 6~12月龄

此时是性成熟期，性器官及第二性征发育很快，也是生理上生长速度最快的时期，体躯向高度急剧生长。同时，其前胃已相当发达，容积扩大1倍左右。因此，在饲养上要求供给足够的营养物质，同时日粮要有一定的容积以刺激前胃的继续发育。在良好的饲养管理条件下，日增重可以达到800g以上。在此阶段要保证育成牛适宜的增重速度，不仅要尽可能地利用一些优质青粗饲料，而且还要供给适当的精料。根据饲料质量，精料可以供给1.5~3kg，粗饲料喂量大约为青年牛体重的1.2%~2.5%。可以用适量的多汁饲料代替干草，但青贮饲料不能用太多。

2. 12~18月龄

12月龄以后，母牛消化器官已接近成熟。为进一步刺激消化器官增长，应给育成母牛喂足优质粗料。按干物质计算，粗饲料占75%，精饲料占25%，并注意补充钙、磷、食盐和必要的微量元素。

3. 18月龄至初产

育成母牛配种受胎后，生长速度缓慢下降，体躯向宽、深方向发展，若有很好地饲养条件，极易在体内沉积大量脂肪。因此这一阶段日粮不能过于丰富，应以品质优良的青草、干草、青贮料和块根为主，精料可以不喂或少喂。但在分娩前4个月，由于此时胎儿迅速增大，同时乳腺快速发育，准备泌乳，需要加强营养，每日可补加精料 2~3kg。按干物质计算，大容积粗饲料要占 70%~75%，精饲料占 25%~30%。

二、育成牛的管理

（1）分群。育成牛要根据性别、年龄、体格大小分群饲养。

（2）加强运动。在舍饲条件下，牛每天应至少有 2h 的运动。

（3）制定生长计划。根据奶牛不同年龄的生长发育特点，饲草、饲料供应状况制定生长计划，一般初生到初配，活重应增加 10~11 倍，2 周岁时为 12~13 倍。

（4）初次配种。青年母牛何时配种，应根据母牛的年龄和发育情况而定。一般按 16~18 月龄，体重不低于 350~380kg，体高不低于 130cm 时开始初配。

（5）受胎后的管理。初次怀胎的母牛，没有经产母牛温驯，因此管理上必须非常耐心，并经常刷拭、按摩等，与之接触，使之养成温驯的习性，但是切忌擦拭乳头，以免擦去乳头周围的蜡状保护物，引起乳头龟裂或病原菌从乳头孔侵入，导致乳房炎和产后乳头坏死。修蹄需在妊娠 5~6 个月前进行，运动可以持续到分娩以前，分娩前 2 周进入产房进行单独饲养。

第五节　围产期的饲养管理

围产期奶牛是指分娩前后 15 天内的奶牛，目前也有一种说法是把分娩前后 21 天内的奶牛称为围产期奶牛。围产期的饲养管理对增进临产前母牛、胎犊、分娩后母牛以及新生犊牛的健康极为重要，如管理不善可能会引起营养代谢病、乳房炎、繁殖障碍等疾病。围产期分为围产前期、分娩期、围产后期。

一、围产前期

临产前母牛生殖器最易感染病菌，因此，母牛产前 2 周应转入产房，产房事先必须打扫干净，用 2% 火碱溶液喷洒消毒；母牛后躯、乳房、尾部和外阴部用 2%~3% 来苏尔溶液洗刷后，用毛巾擦干。

产犊前 2 周应逐渐增加精饲料饲喂量，使瘤胃和瘤胃微生物适应日粮的变化。此外，干奶期到泌乳早期奶牛日粮从粗饲料为主转变为高精饲料比例，这一转变过程应逐渐进行才能最大限度地减少奶牛对这一转变过程的应激反应。临产前 10 天内保持母牛的干物质采食量，是避免大多数围产期问题最佳策略。母牛准备分娩和泌乳时，体内激素发生变化，导致干物质采食量大幅度下降，群体平均干物质采食量下降幅度可达到 30%，因此必须采取有效措施刺激母牛采食，可以采用提高日粮适口性的方式，也可以采用少量多次的饲喂方式来提高干物质采食量。

临产前 15 天以内的母牛，除减喂食盐外，还应饲喂低钙日粮，其钙含量减至平时喂量的 1/2 ~ 1/3，或钙在日粮干物质中的比例降至 0.2%。产前乳房严重水肿的母牛，不宜多为精料。

二、分娩期

进出产房的工作人员要穿清洁的工作服，用消毒液洗手。产房入口设消毒池，进行鞋底消毒。产房应有工作人员昼夜值班，发现奶牛表现精神不安、停止采食、起卧不定、频繁回头、排粪尿、甚至鸣叫等临产表现时，应立即用 0.1% 高锰酸钾擦洗生殖道外部及后躯，并备好消毒药品、毛巾、产科绳，以及剪刀等接产用器具。

舒适的分娩环境和正确的接生技术对母牛护理和犊牛健康极为重要。母牛分娩必须保持安静，并尽量使其自然分娩。一般从阵痛开始需 1~4h，犊牛即可顺利产出。如发现异常，应请兽医助产。

母牛分娩应使其左侧躺卧，以免胎儿受瘤胃压迫产出困难。母牛分娩后应尽早驱使其站立，以利于子宫复位和防止子宫外翻。

母牛分娩后体力消耗很大，应使其安静休息，并饮喂温热麸皮盐钙汤 10~20kg（麸皮 500g、食盐 50g、碳酸钙 50g），以利母牛恢复体力和胎衣排出。

母牛分娩过程中的卫生状况与产后生殖道感染关系很大。母牛分娩后必须把它的两肋、乳房、腹部、后躯和尾部等污脏部分，用温消毒水洗净，用干净的干草全部擦干，并把玷污的垫草和粪便清除出去，地面消毒后铺以厚的清洁垫草。

为了使母牛恶露排净和产后子宫早日恢复，还应喂饮热益母红糖水（益母草粉 250g，加水 1 500g，煎成水剂后，加红糖 1kg 和水 3kg），饮时温度 40~50℃，每天 1 次，连服 2~3 天。犊牛产后一般 30~60min 即可站立，并寻找乳头哺乳。所以母牛产后 2h 内应开始挤奶，挤奶前挤奶员要用温水和肥皂洗手，另用一桶温水洗净乳房，用新挤出的初乳哺喂犊牛。

在母牛分娩后要做好产犊记录，记录母牛和犊牛的情况。

三、围产后期

产后要利用各种办法鼓励母牛站立、行走并采食，同时密切观察母牛的健康状况，每天应观察采食量、产奶量，还要注意奶牛繁殖器官的恢复情况。

母牛产后消化机能较弱，产后 2 天内饲料应以优质干草为主，适当补饲易消化的精料，如玉米、麸皮等。日粮中钙的水平应由产前占日粮干物质的 0.2%~0.4% 增加到 0.6%~0.7%。对产后 3~5 天的奶牛，如果食欲良好、健康、粪便正常，则可随其产奶量的增加，逐渐增加精料和青贮喂量。实践证明，每天精料最大喂量不超过体重的 1.5%。

产后 1 周内的奶牛，不宜饮用冷水，以免引起胃肠炎，所以应坚持饮温水，水温 37~38℃，1 周后可降至常温。为了促进食欲，尽量多饮水，但对乳房水肿严重的奶牛，饮水量应适当减少。

挤奶过程中，一定要遵守挤奶操作规程，保持乳房卫生，以免诱发细菌感染，而患乳房炎。

母牛产后 12~14 天肌注 $GnRH_1$ 可有效预防产后早期卵巢囊肿，并使子宫提早康复。母牛产后 15~21 天，如食欲正常、乳房水肿消失，即可进入泌乳期饲养。

第六节　泌乳牛的饲养管理

养殖者饲养奶牛，最终是要得到大量优质牛奶，以此来获得收益。要实现这一目标，既要有良种奶牛，还要有科学的饲养管理。育种是提高牛群产奶量的基础，科学的饲养管理则是发挥奶牛生产潜力的重要条件。大量地生产实践表明，在品种一定的情况下，奶牛个体间产奶量的差异约 70% 是由环境因素造成的，环境因素中最重要的是饲养管理因素。

泌乳期奶牛的饲养管理

正常情况下，母牛产犊后进入泌乳期，由产房转入泌乳牛群。奶牛泌乳期长短变化很大，持续 280~320 天不等，登记和比较产奶量时一般以 305 天为标准。泌乳期的长短与奶牛品种、年龄、产犊季节和饲养管理水平有关。饲养管理水平不仅关系到本胎次的产奶量和发情状况，而且还会影响到以后各胎次的产奶量和奶牛的使用年限。

（一）一般的饲养管理技术

1. 合理配合日粮

（1）保持常年均衡供应优质青粗饲料。青粗饲料不但是奶牛重要的营养来源，而且能改变瘤胃发酵类型，进而影响奶牛的生产性能和健康。从经济效益来看，它能降低生产成本，青粗饲料以纤维素含量较高为特点，纤维素在牛瘤胃微生物发酵过程中被分解利用。一般说来，由优质的青粗饲料供给干物质应占整个日粮的60%左右。粗饲料的供给量按干物质计算可占母牛体重的1%~1.5%，而精饲料的供应量则取决于产奶量和粗饲料的营养水平。在奶牛日粮中，60%以上的营养来源于优质的干草、青贮等，每头奶牛每天摄入17~22kg的干物质中，36%~40%来自精料，日粮中一般含有16%的粗蛋白质，17%左右的粗纤维。

（2）泌乳期母牛日粮应由多种饲料组成且适口性好。一般应含有2种以上粗饲料（苜蓿、羊草等），2~3种多汁饲料（青贮、块根块茎类）和4~5种以上精饲料组成（玉米、麸皮、豆粕、棉粕等）。精饲料应混合均匀。为提高适口性，在配合饲料时可以在配合精料时添加一些甜菜渣、糖蜜等"甜味"饲料。为了发挥不同饲料间的营养互补作用，可以按不同泌乳阶段的营养需要，将所有计算出的各种饲料调制成全价日粮，有条件的话，应该做成全混合日粮（TMR）。全价日粮干物质中优质干草应占15%~20%，青贮及其他多汁饲料占25%~40%，其余为精饲料。

（3）泌乳期母牛日粮应有一定的体积和营养浓度。泌乳母牛的干物质采食量与产奶量有密切关系。在配制日粮时，既要满足奶牛对饲料干物质的需要，又要考虑日粮中能量的浓度。

（4）保证日粮的质量。日粮质量除了营养成分与含量外，还要注意日粮原料的新鲜、无霉烂变质现象。因为霉烂、变质饲料不仅影响泌乳期奶牛的产奶量，而且会对泌乳期奶牛造成危害。

2. 饲喂方法

（1）定时定量、少给勤添。定时饲喂指每天按时分次供给奶牛饲料。奶牛在长期的采食过程中会形成条件反射，在采食前消化液就开始分泌，为采食后消化饲料打下基础，这对于提高饲料的利用率极为重要。定时饲喂就是保证奶牛正常的消化机能活动不受干扰，从而提高饲料的消化吸收率。

定量饲喂是每次给予奶牛的饲料数量基本固定，尤其在群饲条件下。精饲料应定量供给，而粗饲料可以采用自由采食的方式供给，这样可以使泌乳奶牛在采食到定量的精饲料后，根据食欲强弱而自行调节粗饲料的进食量。

"少给勤添"指每次供给奶牛的饲料量应在短时间内让其吃完，采用多次少量添喂。这样可以使奶牛经常保持良好的食欲，并使食糜均匀地通过消化道，提高饲料的消化率和利用率，因为一次给料势必造成挑食，尤其会造成粗饲料的浪费。如饲喂全混合日粮（TMR）应保证空槽时间不超过 $2\sim3h$。

（2）逐步更换饲料。由于奶牛瘤胃内微生物的形成需要 30 天左右的时间，一旦打乱，恢复很慢。因此在更换饲料时，必须循序渐进，以便使瘤胃内微生物能够逐渐适应。尤其在青粗饲料之间更换时，应有 $7\sim10$ 天的过渡时间。

（3）清除饲料中的异物。由于奶牛采食饲料时是将其卷入口中，不经咀嚼即咽下，故对饲料中异物反应不敏感，因此饲喂奶牛的精料要用带有磁铁的筛子进行过筛，而在青粗饲料切草机入口处要安装磁化铁，以除去其中夹带的铁丝等尖锐异物，对于含泥较多的青粗饲料，还应浸在水中淘洗，晾干后再行饲喂。

3. 饲喂次数和顺序

不同饲喂次数和顺序对营养物质的消化率和产奶量有一定的影响，国内大多数牛场采用每天饲喂 3 次，挤奶 $2\sim3$ 次的工作日程。在饲喂程序上，一般采用先粗后精，以精带粗，精粗搭配，先干后湿的方法。

4. 保证奶牛充足饮水

饮水对奶牛非常重要，饮水不足会直接影响到产奶量。牛奶中87%左右是水分，日产奶50kg以上的奶牛每天需饮水100～150L，中低产奶牛每天也需要水60～70L，因此，必须保证奶牛每天有充足的清洁饮水，水温应保持在8℃以上，并防止冬季奶牛饮冰水。

5. 适度的运动

适度的运动对奶牛产奶量、繁殖力和体质等方面均有很大好处。运动不足会造成牛体过肥，影响产奶量和繁殖力，同时易使奶牛降低适应能力，遭受呼吸道和消化道疾病的侵袭。因此，应保证奶牛每天在运动场自由活动2～3h。

6. 科学挤奶

目前，奶牛养殖趋于集约化，大部分奶牛都进入了牧场和养殖小区，挤奶方式也大都使用奶厅机械化设备挤奶。

（1）机械挤奶。挤奶设备一般由真空泵（含电动机）、真空罐、真空调节阀、真空管道和挤奶系统等组成。每一个挤奶系统又由集奶桶、集奶器、脉动器、金属或橡皮导管（一为真空管、一为输奶管）和乳杯组成。机械挤奶是利用真空造成奶头外部压力低于内部压力的环境，使乳头内部的奶被吸向低压方向。机械挤奶必须注意操作规程和经常检查挤奶设备的运转和真空节拍等情况，若不认真注意，往往会增加乳房炎的概率。

（2）挤奶次数。目前采用的挤奶次数一般为每天挤奶2～3次。多次挤奶有利于提高产奶量。对高产奶牛可每天挤奶3次，每天产奶15～20kg以下挤两次即可。

（3）防治乳房炎。乳房炎是奶牛的乳腺组织受病原菌的侵袭或受物理，化学、机械等创伤后的一种炎性反应。乳房炎的感染轻则影响产奶量，重则造成乳房及乳头坏死，甚至造成奶牛死亡。乳房炎应以预防为主，严禁一切可能引起乳房外伤的因素。挤奶前，挤奶员应对奶牛的乳房进行认真仔细的观察，及时发现乳房有无红、热、肿现象。对于已感染上乳房炎的奶牛应最后挤奶，挤完奶后，应将乳头侵入由豆油和磺胺类药物制成的浸泡液中，严重的应进行乳房的抗生素封闭注射，直至采用全身抗生素注射进行治疗。为减少乳房炎发生，在挤奶后，以 3% 次氯酸钠或碘附浸一下乳头。

（二）泌乳期各阶段的饲养管理

奶牛泌乳期可分为泌乳初期、泌乳盛期、泌乳中期、泌乳后期，在生产实践中，有些牛场根据产奶量把泌乳牛分为高产群、中产群、低产群，便于投放饲料和挤奶。

1. 泌乳初期的饲养管理

产犊后的 10 ~ 15 天为泌乳初期。泌乳初期奶牛食欲尚未恢复正常，消化机能较弱，乳房有水肿现象，繁殖器官逐渐恢复，乳腺及循环系统的机能还不正常，体内能量处于负平衡。因此，这一阶段主要任务是奶牛身体的恢复。

对于高产奶牛来讲，产后 4 ~ 5 天内乳房内的乳汁不应挤干，尤其是产犊第一天，挤出的奶够犊牛饮用即可，以后逐渐增加挤奶量，直到第五天将奶全部挤干。每次挤奶时应充分热敷和按摩，使乳房水肿迅速消失。对于中低产奶牛或没有乳房水肿的奶牛开始就可将奶全部挤干。对于体弱的母牛，产犊后最初几天可喂优质干草，3 天后喂多汁饲料和精料，然后根据乳房的水肿情况及消化系统状态逐渐增加多汁饲料和精料。当乳房的水肿消失后，即可恢复正常的喂量。对于产后乳房无水肿、体质健康、消化系统正常的奶牛，产后就要加喂多汁饲料和精料，到 1 周即可增加到正常喂量。

2. 泌乳盛期的饲养管理

从泌乳初期到产奶高峰（8～10 周）是泌乳盛期。这一时期奶牛乳房的水肿已经软化，体内催乳素分泌量逐渐增加，食欲已完全恢复正常，对饲料的采食量也增加，乳腺机能的活动日益旺盛，产奶量会迅速增加到高峰。

这一时期应保证奶牛尽快达到产奶高峰，减少体内能量的负平衡。在饲料的搭配上应增加高能量精饲料供应量，限制较低能量的粗饲料，以挖掘奶牛的产奶潜力，并使产奶高峰维持较长的时间。否则，由于饲养管理不当，会造成奶牛产奶高峰不高，高峰持续时间短，下降急剧的现象。为此，应采取以下措施。

（1）提高日粮能量浓度。通过添加动物性或植物性脂肪的办法提高日粮的能量浓度，一般用量为每千克精料 60～80g。为了减少瘤胃内微生物的降解和氨化作用，可以使用添加保护剂的方法进行保护。这些保护剂主要有：脂肪酸钙皂等。

（2）提高日粮中低降解率蛋白质（氨基酸）饲料的比例。泌乳盛期奶牛同样会出现组织蛋白负平衡的问题。因此，提高日粮中低降解蛋白饲料的比例或采用保护的方法包被蛋白质或氨基酸，以增加进入十二指肠中可消化吸收氨基酸的数量，以解决蛋白负平衡问题。

（3）采用"引导"法饲养。即从母牛干乳期的最后 15 天开始，直至分娩后产奶量达到最高峰时，喂给高水平营养，维护体重并提高产奶量。这样可以多产奶，但要多喂料，尤其是多喂精料，达到产奶高峰后，精料固定下来，等到泌乳高峰过去以后再调整（减少）精料喂量。在整个引导期内，必须供给优质的干草和充足清洁的饮水。

3. 泌乳中期的饲养管理

泌乳盛期之后至 30～35 周前为泌乳中期，其特点是：产奶量缓慢下降；母牛体质逐渐恢复，体重开始增加。

泌乳中期应维持产奶量的稳定并防止产奶量的快速下降。这一阶段的饲养管理有：控制每月产奶量下降的幅度在5%~7%以内；奶牛自产犊后20周应开始增重，日增重幅度保持在500g左右；饲料供应上，应根据产奶量，按标准供给精料，粗饲料的供应则为自由采食；给予充足的饮水，加强运动，保证正确的挤奶方法，进行正常的乳房按摩。

4. 泌乳后期的饲养管理

干奶前的2个月时间为泌乳后期，此期的特点是：

（1）母牛已到妊娠后期，体内胎儿的生长发育很快，母牛需要消耗大量的营养物质，以保证胎儿迅速生长发育的需要。

（2）产奶量急剧下降。主要由于胎盘及黄体分泌的孕激素含量增加，抑制了脑垂体催乳素的分泌。

此期应尽可能多地给泌乳后期奶牛供应优质粗饲料，适当地饲喂精饲料，同时要做好干奶前的一切准备工作，保证胎儿的正常发育，防止造成流产。

第七节　干乳牛的饲养管理

干乳是母牛饲养管理过程中的一个重要环节，干乳期是指泌乳牛在下一次产犊之前那段停乳的时间。干乳方法的好坏、干乳期的饲养管理及干奶期的长短直接影响胎儿的发育、母牛的健康状况以及下一个泌乳期的产奶量。

一、干乳的意义

（一）有利于母牛体况的恢复

妊娠母牛在妊娠后期的基础代谢比同体重空怀母牛为高，妊娠后期母牛热能代谢增加，适当营养对母牛身体蓄积营养，包括蓄积矿物质元素均有好处，特别是有些母牛如在泌乳期营养为负平衡，体重消耗多者，只能在干乳期补偿，但不能把干乳期母牛喂得过肥。

（二）有利于乳腺机能的恢复

高产奶牛在一个泌乳期产乳所分泌的干物质，即为其体重的3.64~4.16倍，在干乳期间，泌乳期中萎缩了的乳腺泡和损伤的乳腺组织得到修复更新，一些新的乳腺泡也能在干乳期形成与增殖，从而使乳腺得以修复、增殖、更新。

（三）有利于胚胎的发育

在妊娠后期，胎儿体重增大，需要较多营养供胎儿发育，实行干乳期停乳，有利于胚胎的发育。

二、干乳期的长短

干奶期长短根据母牛的年龄、体况、泌乳性能和饲养管理条件而定，一般为45~75天，平均60天左右。对于初配或早配母牛、体弱及老母牛、高产母牛及饲养管理条件差的母牛则需要至少60~75天的干奶期；而对于体质健壮、产奶量较低、营养状况良好的壮龄奶牛，干奶期可缩短到45天以内。

干奶期少于5周，会使下一个泌乳期产奶量下降；过长的干奶期不仅没有必要，而且会降低产奶量。

三、干乳的方法

（一）快速干乳法

快速干奶法所用时间短，对胎儿和母体本身影响小，但对母牛乳房的安全性较低，容易引起母牛乳房炎的发生，对干奶技术的要求较高，因而仅适用于中、低产量的母牛，对于高产牛、有乳房炎病史的牛不宜采用。

具体做法是：从干奶的第一天开始，适当减少精料，停喂青绿多汁饲料，控制饮水量，减少挤奶的次数，打乱挤奶时间。干奶第 1 天由日挤奶 3 次改为日挤奶 1 次，第 2 天挤 1 次，以后隔 1 天挤 1 次，这样使奶牛生活规律发生突然改变，使奶产量显著下降，一般经过 5 ~ 7 天后，日产奶量下降到 8 ~ 10kg，即可停止挤奶。最后一次挤奶应将奶完全挤净，然后用杀菌液洗乳头，再用青霉素软膏注入乳头内，并对乳头进行全面消毒。待完全干奶后，用木棉胶涂抹于乳头孔处封闭乳头孔，以减少感染机会。乳头经封口后即不再动乳房，即使洗刷时也防止触摸，但应经常注意乳房的变化。

（二）逐渐干乳法

逐渐干乳法是在 7 ~ 14 天内将乳干毕，在预定干乳前的 10 ~ 15 天开始改变饲料，逐渐减少青饲料、青贮料和多汁饲料，逐渐限制饮水，停止运动和放牧，停止按摩乳房，改变挤乳次数和挤乳时间，由 3 次减为 2 次，再由 2 次减为 1 次，以后隔日，再隔 2 ~ 3 天挤乳 1 次，一般增喂优质干草，不减精料。

四、干乳期的饲养管理

干乳后 7 ~ 10 天，乳房内残留乳汁已经吸收，乳房干瘪后就可以逐渐增加精料及多汁饲料，在 1 周内达到妊娠奶牛的饲养标准。

（一）干乳期的饲养

干乳期母牛可以分为干乳前期和干乳后期两个阶段。自干乳之日起至产犊前 2 ~ 3 周为干奶前期。干奶前期结束到分娩这段时间为干奶后期，大约 2 ~ 3 周的时间。

1. 干乳前期的饲养

对于营养状况较差的高产奶牛应提高营养水平，使其体重比泌乳盛期时增加 12% 左右，达到中上等膘情，这样才能保证在下一个泌乳期能达到较高的泌乳量。对于营养良好的干乳牛，整个干奶期一般只给予优质干草，补充少量精料即可。对于营养不良的干乳牛，除足量供应优质粗饲料外，还应饲喂一定量的精料。一般可以按日产 10～15kg 牛奶的标准饲养，大约供应 8～10kg 的优质干草、15～20kg 的青绿饲料和 3～4kg 的配合精料。

2. 干乳后期的饲养

干乳后期要求母牛特别是膘情差的母牛要有适当的增重，至临产前应有中上等膘情。由于胎儿和母牛均应有一定的增重，仅靠青粗饲料难以满足要求。因此，对于体况较差的瘦牛及高产牛应适当控制青粗饲料，加喂一定量的精料。据母牛膘情、健康、食欲状况及预产期，至分娩前精料喂量约为 100kg 体重 1～1.5kg，使母牛充分习惯于采食精料。

干奶后期应预防乳房炎和乳热症。饲喂高水平的精料有可能促进隐性乳房炎发病的作用，因此，干乳后期必须对母牛的乳房进行仔细的检查，发现乳房炎征兆时，必须抓紧治疗。为预防"乳热症"的发生，必须让母牛每日摄取 100g 以下的钙和 45g 以上的磷，同时应满足维生素 D 的需要。母牛在产前 4～7 天，如乳房过度肿胀，则应减少或停喂精料和多汁饲料。同时应向饲料中加喂一些麸皮等轻泻性饲料，以防止便秘的发生。

（二）干奶期管理

1. 做好保胎，防止流产

造成奶牛流产的原因很多，有机械性的、疾病性的。为此，应保持饲料的新鲜和质量，绝不能供给冰冻、腐败变质的饲草饲料，冬季不应饮冷水。要及时防治生殖道疾病，防止机械性流产。

2. 适当的运动

运动是干奶期重要的管理措施，运动加上适当光照，有利于奶牛的健康，亦有利于减少和防止难产。运动时应和其他牛群分开，以免拥挤造成流产。产前停止运动。

3. 保持畜体卫生

母牛在妊娠期内，皮肤代谢旺盛，容易产生皮垢，每天应加强刷拭，以促进血液循环，使牛变得更加温驯易管。

4. 分娩前管理

母牛在分娩前二周左右应转入产房，使母牛习惯产房环境。在产房内每头母牛占一个产栏，不用绳系，使母牛在圈内自由活动。

5. 产前挤奶

在正常情况下，产前没有挤奶的必要。但母牛产前乳房及乳头过早充胀，甚至有红肿发热倾向时，应该挤奶，以免引发炎症、乳房变形等不良后果。

第八节　夏、冬季泌乳牛的饲养管理

季节变化与奶牛生产有着密切关系，过热或过冷都能泌乳牛产奶量下降，还会使奶牛发生各种疾病。很多研究人员认为，奶牛最适宜的泌乳温度为 5～21℃，生产环境界限的上限为 27℃，相对湿度不超过 80%，风速大于 1m/s；下限为 −13℃，相对湿度不超过 80%，风速小于 1m/s。一般来说，在我国大部分地区，春季和秋季是奶牛生产较好的季节。为了减少季节对奶牛生产的不利影响，我们要采取相应的措施来抵御或减少不利影响。

一、夏季饲养管理

（一）改善日粮结构

在夏季高温下，牛减少采食量在于减少饲料体增热所引起的热负荷，是奶牛对付高温的保护性反应。所以，夏季日粮应在保证其营养平衡的情况下，以减少体增热为原则。

能量摄取量可与干物质摄取量相等，干物质摄取量在日粮中起重要作用，与产奶量密切相关。研究人员认为，日粮中干物质含量最好为50%~75%。日粮中纤维含量增加会降低饲料消化率和干物质采食量，进而降低能量摄取量。据测定，温度每升高1℃，奶牛要消耗3%的维持能量。所以，夏季日粮中能量浓度应适当增加或添加部分脂肪，并含15%~17%的粗纤维，如棉籽粒、大豆粒等对缓解热应激有良好效果。

夏季奶牛皮肤水分蒸发量加大，其氮的排出相应增加，热应激引起代谢率升高，从而加速了奶牛体内蛋白质的降解。为此，日粮中应提高蛋白质水平（不超过18%）。在夏季奶牛日粮中添加蛋氨酸有较好的饲养效果。

夏季奶牛受到热应激时，采食钾、钠、镁含量高的日粮，可使产奶量增加，还可使奶牛少受应激。其合理饲喂量一般占日粮干物质：钾1.5%，钠0.5%~0.6%，镁0.3%~0.35%。夏季在多采食精料情况下，为改进粗饲料摄入和消化率，精料中加入适量小苏打可抑制体温升高，增加产奶量，还可提高乳脂率和牛奶总干物质。

（二）增加饮水量

一般说，奶牛每采食1kg干物质需消耗3~5kg水。在炎热夏季干物质摄取量和牛奶产量均有所下降。但饮水量却反而增加，所以应饮用低温水，加快水分蒸发加快散热，这对泌乳牛很有好处。

（三）改变饲喂时间与次数

为满足奶牛营养需要，每天饲喂次数由3次改为4次，夜间增加1次。在夜间和清晨凉爽时喂奶牛采食量高。

（四）实施环境控制

（1）合理建设牛舍。应有利于通风和保持冬暖夏凉。

（2）减少湿度。牛舍必须保持干燥，且通风良好，有条件的要加装风扇以加速排湿。

（3）安装降温设施。有条件的牛场应加装喷淋设施，当气温超过生产环境上限温度时应采用喷淋降温，减少热应激。

（4）要及时清理圈舍内粪尿，清扫饲槽，刷拭牛体。

（5）夏季蚊蝇多，既干扰奶牛休息，又易传染疾病，应定期用1%~1.5%敌百虫药液喷洒牛舍及其周围环境。

（6）重视挤奶卫生，挤奶场所必须通风良好，干净卫生，每次挤奶后用1.5%次氯酸钠溶液浸洗乳头。

二、冬季饲养管理

当温度低于-5℃时，奶牛产奶量开始下降，出现应激反应。为了克服外界气候对奶牛的影响，减少冬季产奶量大幅度下降，奶牛场冬季必须重视保暖防潮。

（一）改善冬季饲养

冬季奶牛的维持营养需要增加，吃进的饲料不仅用于产奶，还要用于维持体温的消耗，所以冬季应结合气候变化补足能量饲料，及时调整饲料配比，力求多样化。在精饲料供给方面，蛋白质饲料不变，玉米的供给量要增加20%~50%，从而增加能量饲料的比重。在粗饲料方面，最好饲喂青贮饲料以代替夏秋季饲喂的青绿多汁饲料。单独饲喂精料时最好用热水拌料或喂热粥料，不喂冷料。冬季喂38℃左右的热粥料，不仅可增强牛体抗寒力，还可使产奶量提高10%。

（二）改饮温水

泌乳牛冬季饮用冷水会消耗体内大量热能，从而使产奶量减少。冬季将奶牛饮水温度维持在9~15℃，可比饮0~2℃水的奶牛每天多产0.57L奶。如改为饮温水，不仅可保持体温、增加食欲、增强血液循环，而且还可提高产奶量。所以冬季应设温水池，供牛自由饮用。

（三）牛舍保温防潮

研究表明，冬季保温防潮具有和夏季防暑降温同等重要的作用。牛舍气温低，空气不流通、不新鲜，不仅影响奶牛泌乳、繁殖，还会引发各种疾病。所以应采取如下相应措施。

（1）合理建造牛舍，保持适当的通风，且舍内温度应保持在0℃以上。

（2）保持牛舍牛床干燥卫生，牛床加厚垫草。

（3）挤奶后出药浴乳头外，并涂凡士林油剂，以防乳头冻裂。

（4）运动场粪尿及时清理，并垫土或稻草，以便保持地面干燥。

第九节　高产奶牛的饲养管理

高产奶牛是指那些泌乳量特别高（头胎牛 7 500kg 以上，经产牛 9 000kg 以上）、乳成分好、乳脂率（3.4%~3.5%）和乳蛋白含量（3%~3.2%）高的奶牛，全群平均泌乳量应该在 7 500kg 以上。高产奶牛易患各种代谢疾病，如果饲养管理到位，可降低代谢病发病的几率。

产后的饲养管理对总产奶量有很大影响，其原则是在避免消化紊乱的同时要使精料的采食量达到最大。这需要足够的粗纤维水平（17%~19%的酸性洗涤纤维）来维持瘤胃最佳的功能。当玉米青贮作为主要粗料时，精饲料不应超过50%；当干草作为粗饲料来源时，精饲料用量可达 60%~65%。高精料水平（60%~65%）可导致真胃异位，还可引发酸中毒和乳脂率下降。

一、保持良好的膘情，在干奶期实施科学的饲养管理

奶牛的泌乳周期从产犊开始，产犊后大约 6 周时达到泌乳高

峰以后逐渐下降，母牛产后要尽早配上种（通常在 60～90 天以内），大致泌乳 10 个月以后进入干奶阶段。由于采食量只有在泌乳量达到高峰后的一段时间才达到最大，所以，高产奶牛在泌乳初期的头几周处于能量的负平衡，干乳期沉积的脂肪会在泌乳初期动用。在干乳期应限制能量的摄入以防止过肥。

二、保证足够的采食时间

奶牛要获得最大的干物质采食量就必须有充足的采食时间。高产奶牛的采食量高于中低产奶牛，为使高产奶牛获得最大的干物质采食量，每天要保证 8 小时以上的采食时间，使用全混合日粮时每天空槽时间不应超过 2～3h。

三、供应优质粗饲料

高产奶牛泌乳量特别高，因此，对营养的要求也特别高。首先应该确保优质粗饲料的供给，使用的苜蓿最好含中性洗涤纤维不超过 40% 和粗蛋白含量至少大于 20%。如果没有优质的粗饲料，可使用一些副产品，如玉米酒精糟、全棉籽、甜菜渣都可以。日粮中性洗涤纤维最少占干物质的 26%～28%。当日粮纤维含量小于推荐水平时，可能会导致代谢紊乱并产生低乳脂牛奶。

四、增加日粮能量浓度

能量是奶牛的第一营养需要，能量的获得是通过采食日粮来完成的。干物质的摄入量受精、粗饲料比例的影响，要想维持瘤胃正常发酵和乳脂率不下降，日粮中必须最少含有 40% 粗饲料。一般来说，当日粮消化率在 65%～70% 时，对干物质的摄入量最大。当消化率低于此限时，瘤胃容积限制采食量；当消化率高于此限时，化学调节对采食量发挥作用。瘤胃容积停止对采食量调节的点随生产水平变化而变化。对高产奶牛而言，采食量的化学调节机制只有在更高的干物质消化率（即更高的日粮能量浓度）时才发挥作用。也就是说，生产性能越高，采食量越大，瘤胃容积（物理调节）与食欲中枢（化学调节）对采食量的控制转换时的日粮能量浓度就越高。当奶牛单产上升时，很难通过谷物饲料提供足够的能量，可以通过在泌乳期日粮中添加过瘤胃保护脂肪及全脂油料籽实（如棉籽）等高能饲料来解决这一问题。

五、使用饲料添加剂

（一）缓冲剂

缓冲剂在增加采食量、产奶量和预防乳脂下降方面有效果。日粮干物质中添加 0.6%~0.8% 的碳酸氢钠和 0.2%~0.4% 的氧化镁可作为有效的缓冲剂。缓冲剂在下列情况下有最大的效益。

①泌乳早期；

②当饲喂大量易发酵精饲料时，特别是饲喂次数少的情况下；

③当青贮是主要或唯一粗饲料时；

④当精、粗饲料分开饲喂时；

⑤当饲草切碎、粉碎或制粒即饲料颗粒较小时，饲料颗粒小导致发酵速度加快，且具有缓冲功能的唾液分泌减少；

⑥当母牛突然由高粗料日粮到高精料日粮转变时；

⑦当发生乳脂率下降时；

⑧当饲喂高度易发酵日粮发生拒食时。

（二）烟酸

烟酸作为辅酶系统的重要组分，而在奶牛的三大营养物质代谢中起重要作用，在奶牛生产中其可以改善能量负平衡，降低酮病发生以及刺激瘤胃原虫生长。对于高产奶牛或膘情过肥过瘦的牛可在产前 2 周开始每天饲喂 6g，而产后每天饲喂 12g 一直到采食高峰（约产后 10~12 周）。

（三）酵母培养物

酵母培养物可以刺激纤维分解菌的生长，保持稳定的瘤胃内环境以及促进乳酸的利用。一般是在产前产后各 2 周使用或在奶牛拒食饲料或应激期使用。

六、保证充足的饮水

高产奶牛需水量特别大，一头日产 50kg 奶，采食 25kg 干物质的奶牛，每天需要的水量就高达 120～170kg。如果在炎热的夏季，需水量将会更大。因此，必须保证充足的饮水，否则会严重影响奶牛的干物质采食量和泌乳量。有条件的牛场最好安装自动饮水器；没有条件的牛场，每天饮水次数要在 5 次以上。同时在运动场设置饮水槽，供其自由饮水，并保证水质。

第十节　饲养管理效果评价

奶牛饲养管理效果的好坏直接关系到牛场的经济效益，必须对奶牛群定期进行饲养管理效果分析，查找问题并改进，才能获得好的收益。

一、牛体体况分析

奶牛体况分析是分析牛群饲养管理效果的一项重要指标。体况不仅与奶牛脂肪代谢、健康有关，而且与奶牛泌乳、繁殖均有密切关系。

评分标准一般采用奶牛体况评分法，过瘦的评 1 分，瘦的评 2 分，一般的评 3 分，肥的评 4 分，过肥的评 5 分，具体见表 8-1。

表8-1 奶牛体况评分标准

体况评分	评分标准	备注
1.0分	1. 脊椎骨明显, 根根可见 2. 短肋骨根根可见 3. 髋部下凹特别深 4. 荐骨、坐骨及连接两者的韧带显而易见 5. 尾根下凹	奶牛太瘦, 没有可利用的体脂贮存来满足需要
2.0分	1. 脊椎骨突出, 但并非根根可见 2. 短肋骨清晰易数 3. 髋部下凹很深 4. 荐骨、坐骨及连接两者的韧带明显突出 5. 尾根两侧皆空	有可能从这些奶牛身上获取充分的产奶量, 但是其缺少体脂贮存
2.5分	1. 脊椎骨丰满, 看不到单根骨头 2. 椎骨可见 3. 短肋骨上覆盖有1.5~2.5cm体组织 4. 肋骨边缘丰满 5. 荐骨及坐骨可见, 但结实 6. 连接荐骨及坐骨的韧带结实并清晰易见 7. 髋部看上去较深 8. 尾骨两侧下凹, 但尾根上已开始覆盖脂肪	理想的体况, 这些奶牛在大多数产奶阶段都是健康的
3.5分	1. 在椎骨及短肋骨上可感觉到脂肪的存在 2. 连接荐骨及坐骨的韧带上脂肪明显 3. 荐骨及坐骨丰满 4. 尾根两侧丰满 5. 连接荐骨及坐骨的韧带结实	奶牛理想体况评分的上限, 再高一点则归入肥牛行列。3.5分是后备牛干奶及产犊时理想体况
4.5分	1. 背部"结实多肉" 2. 看不到单根短肋骨, 只有通过用力下压时才能感觉到短肋骨 3. 荐骨及坐骨非常丰满, 脂肪堆积明显 4. 尾根两侧显著丰满, 皮肤无皱褶	这些奶牛身上脂肪太多

体况评分必须结合不同的泌乳阶段。根据体况分析总结和分析各阶段的饲养效果，查找存在问题，并采取相应的措施，从而有针对性地改进饲养管理。产奶阶段体况评分反映出的问题及其措施，见表8-2。

表8-2　体况评分反映出的问题及其措施

产奶阶段	评分	反应的问题	采取措施
泌乳后期理想评分 2.5~3.5	≤2.5	1. 长期营养不良 2. 产奶量低，牛奶质量差	1. 检查日粮中能量、蛋白质是否平衡 2. 考虑提高日粮中能量浓度
	≥3.5	1. 干奶及产犊时过肥、难产率高 2. 下一胎次的泌乳早期食欲差，掉膘快 3. 下一胎次酮病及脂肪肝发病率高 4. 下一胎次繁殖率低	1. 在干奶前降低体况评分 2. 应减少精料含量，尤其是在使用高淀粉类全价料的情况下更应该如此
干奶后期理想评分 2.5~3.5	≤2.5	产犊时况差，为维持产奶及牛奶质量，动用了过多的体脂贮存	在干奶期提高膘情差的奶牛体况
	≥3.5	1. 这时再要大量减少体况已太迟（如这样做会导致毁灭性后果） 2. 由于贮存在骨盆内的脂肪会堵塞产道，难产率高	1. 如已出现脂肪肝，应在干奶期降低体况评分 2. 减少能量摄入
产犊期理想评分 2.5~3.5	≤2.5	1. 不能获取足够能量来满足泌乳和维持需要，饲喂的日粮能量浓度低时尤其严重 2. 缺少体况意味着在营养不良时可动用的体脂储存不足 3. 乳蛋白率可能会低	饲喂高能量浓度日粮
	≥3.5	1. 食欲差，粗饲料利用率低 2. 产乳热发病率高 3. 不能达到潜在产奶量	1. 配合日粮时要考虑干物质摄入量已减少 2. 保证日粮足够蛋白水平

（续表）

产奶阶段	评分	反应的问题	采取措施
泌乳早期产后检查理想评分2.25～3.5	≤2.25	1. 不能达到潜在高峰产奶量 2. 乳蛋白比较低 3. 第一次配种受胎率低	1. 如整群牛体况差，应调整日粮配方，确保不再继续掉膘 2. 将体况差、产量高的奶牛区分开来，在恢复能量正平衡之前很难受胎 3. 产量不高且瘦的奶牛获得的能量不够
	≥3.5	1. 动用体组织更快更多，有缺陷的卵子数量增多，导致繁殖率低 2. 饲料转化率低 3. 亚临床/临床酮病发病率高 4. 脂肪肝发病率高 5 胎衣不下发病率高	如有可能，将肥牛移至饲喂低能量浓度日粮的牛群中
泌乳中期妊娠检查理想评分2.0～3.5	≤2.0	很可能第一次人工配种时受胎率低	1. 进行妊娠检查 2. 调整日粮，干奶前至少要达3.5分 3. 如体况太差，应提高日粮能量浓度
	≥3.5	1. 进入泌乳后期可能会太肥 2. 下一次酮病及脂肪肝发病率高 3. 易见于采用 TMR 方式饲喂的为分群的牛场	1. 减少能量摄入量或提早移至低产牛群 2. 避免饲喂高淀粉全价料

二、繁殖效果分析

为了准确分析牛群的饲养对繁殖的效果，必须对每头牛进行正确的繁殖记录，评定饲养管理对繁殖的效果通常采用以下方法：

（一）检查空怀率

通常产后 60～110 天不孕的母牛称为"空怀"，每超过一天算作 1 天空怀。1 个牛群成母牛空怀头数占 5% 以上，则将严重影响全年产奶量。为此，每个月应进行一次检查，并采取措施，尽快降低空怀率。

（二）检查泌乳牛占全群成母牛的比例

正在泌乳的母牛只占全群成母牛头数 75% 以下，说明已出现严重的繁殖问题，即使改进饲养管理产奶量也难以提高，必须进行全面检查。

（三）检查成母牛群泌乳阶段

如出现泌乳牛头数仅占全群成母牛 75% 以下，还应检查泌乳 5 个月以上的头数，如果已占全群成母牛 45% 以上，则更加说明存在严重的繁殖问题。

（四）检查产犊间隔

产犊间隔是评价牛群繁殖力的重要指标。生产实践表明，奶牛产犊间隔超过 400 天则会造成重大经济损失。所以，首先应从饲养管理入手，尽快查明产犊间隔较长的原因，并采取相应措施，加以改进。

三、产乳效果分析

评定和分析牛群的产奶性能是检查奶牛群饲养管理效果的最重要指标。

从产奶成绩检查分析饲养管理效果，常用的方法是制作年间泌乳曲线。哪个月泌乳最高，哪个月泌乳最低，理念趋势如何，并与以前记录进行比较。如泌乳曲线发生异常或普遍下降，应立即寻找原因，改善饲养管理。此外还可以分析总奶量、总脂肪量的增减，以及饲喂精料量的增减、奶饲比和饲料效率等指标。

（1）奶饲比 = 精料费（元）×100÷售奶金额（元）

（2）饲料效率（饲料报酬）= 总奶量（kg）÷总精料量（kg），饲料效率在 2.5 以上为宜。

四、粗饲料采食量的评定

饲养奶牛，测定牛群每天平均日采食粗饲料量非常重要，通常采用下面的公示计算和评定。

一日平均粗饲料量（干物质量）＝平均体重×头数×0.02

例如：饲养平均体重500kg奶牛20头，每天应至少采食粗饲料量：

$$500 \times 20 \times 0.02 = 200kg$$

五、粪便评定

粪便评定是奶牛消化及健康的有用的诊断工具，它是给营养工作者或牧场管理者关于消化过程可能正在发生的一些事情作出提示。对粪便观察包括颜色、黏稠度、内容物3个方面。

（一）颜色

粪便的颜色随饲料的品种、胆汁浓度和饲料的消化率的变化而变化。比较典型的情况是当奶牛采食新鲜青贮时，粪便是深绿色的。如果奶牛采食了一定比例的干草时，粪便变黑到褐色—黄褐色。采食含较多谷物的典型TMR日粮时，粪便通常是黄褐色。这个颜色是由于谷物和粗饲料的结合及谷物的数量和加工处理不同而改变。如果奶牛腹泻，粪便的颜色将变成灰色。正接受疾病治疗的奶牛，其粪便可能会因所用药物的作用而呈异常。痢疾和球虫病引起的肠道出血，其粪便呈黑色并且带血。而像沙门氏菌引起的细菌感染，就产生浅黄色或浅绿色腹泻粪样。

（二）黏稠度

粪便的黏稠度主要取决于水的含量、粪便黏稠度，是饲料水分含量、饲料停留在动物体内的时间的一个对应的反应。正常粪便中的物质具有中度的粥样黏稠度，可形成一个圆顶形堆积体，高度在2.5～5.0cm。腹泻不但可由中毒、感染和寄生虫引起，也可由碳水化合物在后肠过度发酵而导致产酸增加引起。稀松的粪便也可能由于采食过多的蛋白或高水平的瘤胃降解蛋白产生，这很可能是因为为了通过尿排泄过量的氮而增加了水的消耗。另外，热应激时，粪便可能会变得稀松；限制饮水和限制蛋白进食量常常产生坚硬的粪便；严重脱水时粪便呈坚硬的球状；左侧真胃移位的奶牛经常排出糊状粪便。

（三）内容物

理想情况下，粪样应能揭示主要饲料的消化和利用效率。如果看到粪便中含有大量未消化的谷物和长粗饲料（大于1.27cm），那就说明可能瘤胃发酵功能有问题，或存在较多的后段肠道发酵和大肠发酵。粪便中出现大量的粗饲料颗粒或未消化的谷物，显示出奶牛反刍不正常或瘤胃通过速度过快，这可能是因为能有效刺激反刍或保持瘤胃 pH 值正常的粗纤维摄入量不足。仔细观察黄颜色的粪便，它可能有未消化的谷物颗粒的存在，或观察干粪便，其表面如呈现灰白色，则说明有未消化的淀粉存在，淀粉越多，白色越明显。粪便中出现大量黏液的话，表明有慢性炎症或肠道受损。有时也能看到黏蛋白在其中，这些都说明大肠有损伤，是由于过度的后段肠道发酵和过低的 pH 值所引起的，黏蛋白是由小肠黏膜层表面细胞分泌的，其主要是用于治疗肠道的损伤或炎症。粪便中如有气泡，表明奶牛可能乳酸酸中毒或由后肠过度发酵产生气体所致。

六、奶牛体重的估测

奶牛体重这个指标在奶牛生产中会经常用到，配制日粮需要知道体重，作为淘汰牛出售，也需要知道体重，估测体重的方法多种多样。国外有一种方法是根据奶牛的胸围来估测奶牛体重，见表8-3。

表8－3　胸围及其估测体重表

胸围（cm）	估测体重（kg）
170	395
173	412
175	430
178	448
180	466
183	485
185	504
188	523
191	543
193	563
196	583
198	604
201	625
203	645
206	666
208	687
211	708
213	729
216	753
218	777
221	800
224	824
229	847
231	871
234	896

第九章　奶牛的挤奶技术

第一节　乳房的组织结构与功能

一、乳房的外形

奶牛的乳房呈圆柱状或椭圆柱状（图9-1），悬吊于耻骨部腹下壁、两股之间，乳房由皮肤、筋膜和乳腺构成，其远端呈钝圆形。

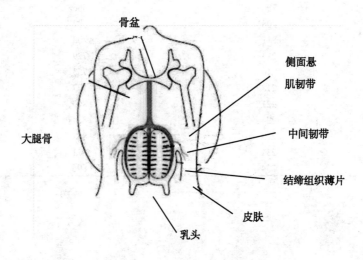

图9-1　奶牛的乳房位置和外部组成

乳房的后平面称为乳镜，乳镜的面积显示着后乳腺的奶量高低。乳房最外面是一层柔软的皮肤。在皮肤下方有浅筋膜和深筋膜。深筋膜强有力的弹性纤维构成正中悬韧带，即将乳房分隔成左右两部分。

乳房是母牛泌乳的器官，在充满乳汁的情况下，重量可达50~100kg，因此，乳房的悬韧带弹性纤维的强度十分重要。韧带松弛时，将使乳房下垂，可能导致无法机器挤奶。

左右乳区又由横向筋膜分隔为前后两区。4个乳区筋膜的结缔组织向乳房深部伸入，形成网络状的分隔与支撑，并形成许多乳腺小区。乳腺小区由乳腺组织构成。每个乳区都有单独的乳头和乳腺组织。乳房的4个乳区是独立的。

二、乳房内部组织

乳腺是复管泡状腺，由若干乳腺泡与细小乳导管集合成乳腺泡丛。细小导管汇集至小导管，再汇集至乳导管。乳导管通向乳区底部的乳池，乳池延伸到乳头部分称乳头乳池，乳头下端有一条向外界开口的乳头管，具有环形括约肌，可以控制开闭，以调控乳汁外溢和微生物的侵入，参见图9-2。

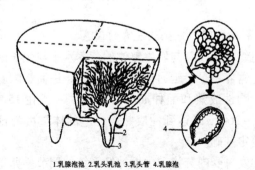

1.乳腺泡池 2.乳头乳池 3.乳头管 4.乳腺泡

9-2 奶牛乳房内部结构

荷斯坦牛的每个乳头长度约为6~8cm，直径约2cm。前侧乳头稍长，前后乳头之间距离平均 10～15cm。部分牛只的乳房有 2～4 个附生乳头，也可能有少许乳汁，但更妨碍挤奶或易患炎症，应在犊牛出生时去除。

三、乳腺的发育

（一）发育规律

乳腺的发生始于胎儿生命的早期，在两月胎龄时就可见乳腺胚芽，胎龄到六个月时乳房已完成四个区和正中悬韧带、乳头及乳池的形态结构。出生犊牛的乳房，已具有很完善的乳头、乳池和乳导管，乳腺大部分是脂肪组织。出生到初情期前，乳腺很少变化，当发育至 8～10 月龄，乳腺导管系统开始生长及分支增加，逐步形成导管系统，在妊娠后，乳腺组织迅速生长，在细小导管的末端形成腺泡。妊娠前半期，腺泡的体积很小，泡的内部还是坚实的。妊娠中期，乳腺泡分泌细胞逐渐出现，乳房增大，腺泡腔中有黏稠分泌物。妊娠后期，腺泡增大，并开始聚集分泌物，乳房体积明显增大。随着胎次的增加，会使乳腺组织的大小和数量不断增加，产奶量也相对提高直至五胎之后，乳腺组织才明显减少。

（二）影响乳腺组织生长发育的因素

乳腺组织生长发育与奶牛整体的营养水平与生长激素调节有直接关系。营养不足会延迟初情期的到来，进而影响乳腺组织的发育，也影响性成熟和配种期。荷斯坦牛一般在 15～16 月龄、体重达 600～360kg 时达到性成熟，合适的体重可为日后发育良好的乳腺奠定基础。

乳腺的发育受内分泌和中枢神经系统的调节。卵巢分泌的雌激素引发乳腺导管系统发育，黄体分泌的孕酮使乳腺泡正常发育。垂体分泌的生长激素和肾上腺皮质激素会同雌激素刺激乳腺导管系统的发育，在此基础上催乳素会同孕激素促进乳腺泡的生

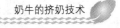

长。妊娠期的胎盘素也参与刺激乳腺的发育。

第二节 乳的分泌与排出

一、乳的生成

乳由腺泡和细小导管的分泌上皮细胞生成，通过腺泡周围的毛细血管选择性地将血液中营养物质转化并合成新的物质，然后由细胞排到泡腔内。泌乳期乳腺代谢旺盛，血液循环量也增多。据报道，产 25kg 乳汁的母牛，24h 流经乳房的血液约为 9 000 ~ 15 000L，每生成 1L 牛乳约需 400 ~ 500L 血液。

二、乳分泌的调节机制

乳分泌的调节主要通过神经－激素机制进行。与垂体前叶分泌的激素有关。催乳素是唯一与泌乳有直接关系的激素，分娩后该激素会从垂体前叶大量释放，对腺体产生刺激作用，但催乳素在妊娠期间因被胎盘和卵巢分泌的黄体素和卵泡素共同抑制，随着分娩，这两种激素水平突然下降，催乳素得以迅速释放而启动泌乳。垂体释放的催乳素、促肾上腺皮质激素、生长激素和促甲状腺激素是维持泌乳的必要条件。促甲状腺激素可以促进乳的生成，单纯给以促肾上腺激素会抑制泌乳，但乳中脂肪、蛋白质、糖类含量会升高。生长激素也有明显促进泌乳的作用。

三、乳的排出

排乳是一个复杂的生理过程，受神经与内分泌的调节。当乳腺组织分泌乳汁后，逐步充盈乳腺泡、细小乳导管、乳导管系统和乳池。乳池里的乳约占已分泌乳量的 20%~ 30%，而 70%~ 80% 的乳蓄积在乳腺泡和导管系统中。当乳房受到犊牛吮吸、按摩或挤奶等良性刺激时，通过神经反射作用，引起乳腺平滑肌的收缩，使乳从乳导管中排出。同时促进催产素和加压素的释放，通过血液流至乳房，引起腺泡内乳的排出，进入乳导管及乳池中。

按摩刺激乳头，会使血液大量充盈和通过乳腺组织使乳房血管扩张，乳房体积膨大并引起腺泡内乳的排出。因乳头括约肌作用，乳头口紧闭，乳汁不能流出。随着挤奶动作，乳汁分泌使乳腺紧张力降低，平滑肌收缩，使乳汁再次蓄积于腺泡和管腔内。催产素对乳腺的作用约 $2 \sim 3$min。因此，每头牛的挤奶时间应在 $5 \sim 6$min 内完成。

每次挤奶先是以乳头、乳池和大乳导管中的乳被挤出，这部分乳称为乳池乳或重力乳，一般占到总产量的 $1/3 \sim 1/2$ 左右。然后是分支小乳导管、细小乳导管和乳腺泡中的乳汁通过乳头被挤出，这部分奶称为反射乳，占总产量的 $1/2 \sim 2/3$ 左右。

第三节　人工挤奶技术

手工挤奶是传统的挤奶方式，已有几千年的历史。挤奶工通过手对乳房按摩和模仿犊牛吮吸动作，刺激母牛产生排乳反射。当观察到母牛有排乳反应时就可以挤奶。熟练的挤奶员一般用两手同时抓住对角的乳头交替挤出乳汁。当挤干乳汁后，再挤另外两个乳头，直到乳汁全部挤干为止。通常每挤出一 kg 乳汁，需要 $100 \sim 200$ 次挤压。另外，在一些欠发达国家由于劳动力比使用机械更便宜，仍广泛采用手工挤奶；在现代奶牛养殖中，对感染乳房炎或受伤的乳区也用手工挤奶。手工挤奶有两种方法：

一、压榨挤奶法

用拇指和食指夹紧乳头根部，然后依次用中指、无名指和小

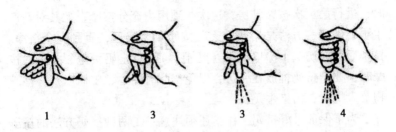

图9-3　压榨法挤奶法示意图

指挤压乳头，把乳汁挤出后松开手指，如此反复进行，这种挤奶方法称为压榨挤奶法。挤奶时应使握拳的下端与奶头的游离端齐平，以免奶汁溅到手上而被污染，尽量做到用力均匀。挤奶速度以每分钟80~90次为宜，特别在母牛排奶速度快时应加快挤奶，一般在开始挤奶的第一分钟速度为80~90次；以后随着大量排乳，速度加至每分钟120次；最后排奶较少，速度又恢复到每分钟80~90次；每分钟的挤奶量应能达到1~1.5（2.0）kg（图9-3）。

二、滑榨挤奶法

用拇指和食指夹紧乳头根部，向下滑动，将奶捋出，如此反复进行，这种方法称为滑榨挤奶法。对于奶头短小的母牛，可采用指挤法或滑榨法挤奶。此法初学时很易操作，但对乳房危害很大，能引起奶头皮肤破裂、奶头变长、奶头腔弯曲等。需用润滑剂来减轻手指与奶头皮肤的摩擦，奶汁是取之最方便的润滑剂，但这样会增加牛奶被污染的机会。

当大部分奶已被挤完后，应再次按摩乳房，采取半侧乳房按摩法，即分别按摩乳房的右侧和左侧乳区。动作是两手由上而下，由外向里按压一侧2个乳区，用力稍重，如此反复6~7下，使乳房内乳汁流向乳池，然后重复榨取各个乳区。到挤奶快结束时，进行第三次按摩乳房，这次必须用力充分按摩，尤其对新产牛更要做好，方法是用两手逐一按摩 4 个奶区，直到完全挤净。挤毕后可在奶头上涂以油脂（凡士林），防止奶头龟裂。每次按摩时，要把挤奶桶放在一边，以免按摩时牛毛、皮屑以及其他脏物落入桶中，污染牛奶。

为了保证做好挤奶工作，还须注意：①两种挤奶方法的挤压力大约为 15~20kg，挤奶员握力大约需要 30~40kg。操作时两手交替进行，保持一定的速度。挤奶开始后的前两分钟乳房内压力升高，约两分钟维持在一定水平，到挤奶结束时逐渐下降，因此，挤奶前乳房经热敷和擦洗后，要在几分钟以内（一般 5~8min）将奶挤完，中途不得停顿。如果时间拖得过长反射活动已过，奶便滞留在乳房很难挤出，这样必然会降低产奶量，一般降幅在 10% 左右。②最初挤出的头几把牛乳，因含有大量细菌，必须挤在专用容器中不予使用。同时还应观察乳汁的变化，以判断乳房健康状况。注意不能把头几把乳挤到牛床或垫草上，以免细菌繁殖，污染环境。③对具有踢人恶癖的母牛，态度要温和，严禁拳打脚踢。对这类牛，在挤奶时要冷静沉着，注意牛的右后腿，如果发现牛要抬右后腿时，可迅速用左手挡住，不得已时，可用绳子将两后腿拴住，然后再挤奶。

第四节　机械挤奶技术

正确的挤奶方式和科学的挤奶技术不仅有利于奶牛的健康，并对提高产乳量、干物质和获得优质、卫生的牛乳有重要作用。目前奶牛场普遍采用机械挤奶。

一、机械挤奶的原理

机械挤奶就是模仿犊牛的吮吸动作，使口腔内形成真空，用舌和牙齿压迫乳头所致，一般犊牛吮吸时，口腔内压力降低到水银柱 10~28cm。机械挤奶是由真空泵产生负压，真空调节阀控制挤奶系统真空度，由软管连接的吸乳杯和一个交替对吸乳杯给予真空和常压的脉动器构成。

二、挤奶时间和挤奶间隔

奶牛通常在分娩后 1~3 天内采用手工挤奶，之后即可用机械挤奶。每天的挤奶时间确定后，奶牛就建立起排乳的条件反射，不可以轻易更改。每天的挤奶间隔均等分配，对奶牛的泌乳活动最为有利。每天两次挤奶，最佳挤奶间隔为（12±1）h，间隔超过 13h，就会影响产奶量。每天 3 次挤奶，最佳挤奶间隔是（8±1）h，夜间安排 9h 间隔是符合生物钟规律的。一般 3 次挤奶产奶量比两次挤奶可提高 10%~20%。到底采用两次挤奶还是 3 次挤奶，必须通过综合测算相应劳动力费用、饲料费用、管理方法和经济效益等各方面因素后再作决定。

三、挤奶程序

以目前被广泛采用的管道式挤奶厅为例。

（一）挤奶前的准备工作

为确保使用干净卫生的挤奶设备挤奶，必须制定挤奶前准备工作的标准操作程序。

（二）药浴并清洁乳房，按摩乳头

在挤第一把奶前，对清洁的乳房可以药浴乳头后，用卫生的毛巾或一次性纸巾擦净乳头即可。对特别肮脏的乳房要用含有消毒剂的温水清洁乳房、乳头，然后药浴乳头擦干。注意避免用大量的水来清洗乳房和乳头，否则留在乳头上的脏水会流入奶衬或牛乳中。在擦干乳头的同时，应对乳头作水平方向的按摩，按摩时间为每个乳头 5s，以保证挤奶前足够的良性刺激。

（三）挤前三把奶，检查乳房健康状态

把每个乳区的头三把奶挤入带有深色面网的容器中，检查牛奶中是否有凝块、絮状物或是否是水样奶，防止乳房炎奶混入正常乳中。同时，通过观察和触摸乳房外表是否有红肿热痛等炎性症状或创伤，做到有问题早发现、早治疗。

（四）套奶杯

奶牛从进入挤奶厅到套上奶杯的时间应控制在90s以内，以保证最大的奶流速度和产奶量，因此清洗消毒干净后应及时将挤奶杯套上。方法是用靠近牛头的手抓住奶爪集乳座，然后打开截止阀，把第一个奶杯套到最远的乳头上，由远及近，动作要快，这时奶管应保持S形弯曲，以防空气流入系统内，然后尽快挤奶。

（五）挤奶

挤奶时间长短与产奶量高低、牛只个体差异和挤奶机本身性能等因素有关。一次产奶量为5～8kg的母牛挤奶时间约为5～8min，挤出的奶量开始减少是挤奶将完成的标志。目前多数先进挤奶机的牛奶配管都是透明的无毒塑料，易于观察，装有自动控制真空压力和计量乳汁流量的装置，这对控制和判断挤奶结束时间的掌握非常有利。机械挤奶时，真空压力应控制到45～50kPa。脉动器频率应控制在60～70次/min。当奶量流速减小时，可自上而下按摩乳房，防止空挤。在挤奶过程中，如遇到奶杯脱落，应立即清洗干净后再套上。需要注意的是分娩5天内的母牛、乳房炎牛或正使用抗生素和停药6天内的牛，以及分泌异常乳的奶牛，所挤牛奶不得进入正常管道系统。

（六）卸掉奶杯

当乳汁流成线状或断流时，标志挤奶即将结束，此时奶杯会自动脱落或人工关闭集乳器的真空约3s后，乳头杯内的真空度就恢复到大气压状态，再取下奶杯。在挂杯和下杯时，要尽量避免空气进入奶杯。

（七）药浴

挤完奶的母牛，卸掉奶杯后应立即消毒乳头。因为挤奶后约 10～15min，乳头括约肌才能完全闭合，此时是细菌最宜侵入乳房引发炎症的时机。在刚挤完奶的一定时间内，不让牛卧地，也能够起到很好地预防感染的作用。

（八）清洗挤奶设备

全部奶牛挤奶完毕后，应立即按照清洗流程清洗挤奶设备。

四、挤奶厅的管理

（一）牛乳的冷却、储存和运输

1. 冷却

刚挤出的生鲜牛乳温度在 36℃ 左右，是微生物发育最适宜的温度，如果不及时冷却，奶中的微生物大量繁殖，酸度迅速增高，不仅降低奶的质量，甚至使奶凝固变质。所以，应及时冷却、贮存，一般在 2h 之内冷却到 4℃ 以下保存。在现代化大型牧场，多采用热交换器来完成降温，中小规模的奶牛场（小区）采用贮奶罐本身的冷却设备来降低奶温。只有快速将牛乳由 37℃ 冷却至 4℃，才能有效抑制细菌的繁殖，保持生鲜牛乳的营养品质。为保证每次所挤牛乳迅速可靠的冷却，冷却系统每年要定期进行检修保养，检修内容包括冷冻机的工作压力、温度计的准确性、温度调控器的工况、冷凝器的清洁等。

2. 贮存时间

生鲜牛乳挤出后在贮奶罐的贮存时间原则上不超过 48h。贮奶罐内生鲜牛乳温度应保持在 1～4℃。每次混入的新挤牛乳，其混合乳的温度不得超过 10℃，否则应先经预冷后再混合。混入牛乳 1～2h，全部牛乳应不高于 6℃。

3. 贮奶间

只能用于冷却和贮存生鲜牛乳，不得堆放任何化学物品和杂物；禁止吸烟，并张贴"禁止吸烟"的警示；有防止昆虫的措施，如安装纱窗、使用灭蝇喷雾剂、捕蝇纸和电子灭蚊蝇器，捕蝇纸要定期更换，不得放在贮奶罐上；贮奶间的门应保持经常性关闭状态；贮奶间污水的排放口需距贮奶间 15m 以上。

4. 贮运容器

贮运生鲜乳的容器容量应与牛场设计产奶能力相匹配。贮存生鲜牛乳的容器，应符合《散装乳冷藏罐》（GB/T 10942—2001）的要求。生鲜牛乳的储存应采用表面光滑的不锈钢制成的贮奶罐，并带有保温隔热层。用于贮存或运输的奶罐应具备保温隔热、防腐蚀、便于清洗等性能，符合保障生鲜乳质量安全的要求。贮运奶罐外部应保持清洁、干净，没有灰尘；贮奶罐的盖子应保持关闭状态。

5. 运输

从事生鲜牛乳运输的人员必须定期进行身体检查，获得县级以上医疗机构的身体健康证明。生鲜牛乳运输车辆必须获得所在地畜牧兽医部门核发的生鲜乳准运证明，必须具有保温或制冷型奶罐。原料乳的运输条件和运输前的状态是影响生鲜牛乳质量的重要因素。目前主要采用奶槽车的方式运输生鲜乳。生鲜牛乳运输前在奶牛场应降温到4℃。在运输过程中，尽量保持生鲜牛乳装满奶罐，避免运输途中生鲜牛乳振荡，与空气接触发生氧化反应。严禁在运输途中向奶罐内加入任何物质。要保持运输车辆的清洁卫生。交完奶应及时清洗贮奶罐并将罐内的水排净。

（二）挤奶设备的清洗

挤奶设备清洗的目的是使收乳管线和设备达到物理清洁和化学清洁，减少微生物污染以获得高质量的生鲜牛乳。

表 9 – 1　不同清洗方法对奶罐中不同时间点细菌数的影响

（温度为 4℃）

清洗方法	生鲜乳（ufc/ml）	24h 后（ufc/ml）	48h 后（ufc/ml）
干净乳头与挤奶设备	4 300	4 300	4 600
干净乳头与脏挤奶设备	39 000	88 000	121 000
脏乳头与脏挤奶设备	136 000	280 000	538 000

从表 9 – 1 可以看出，如果是干净乳头和清洗干净的挤奶设备，保持在 4℃ 的温度条件下，24h 和 48h 的细菌数与生鲜乳差别不大。但是后两种情况就差别非常大了。因此，必须制定挤奶后清洗的标准操作程序，并严格执行。

1. 清洗剂的选择

应选择经国家批准，对人、奶牛和环境安全没有危害，对生鲜牛乳无污染的清洗剂。

2. 挤奶前的清洗

每次挤奶前用符合生活饮用水卫生标准的清水对挤奶及贮运设备进行清洗，以清除可能残留的酸液、碱液和微生物，清洗循环时间 2 ~ 10min。

3. 挤奶后的清洗

清洗程序包括预冲洗、碱洗、酸洗与后冲洗。清洗条件是系统内真空度保持在 50kPa。

（1）预冲洗。挤奶完毕后，应马上用符合生活饮用水卫生标准的清洁温水（35 ~ 40℃）进行冲洗，不加任何清洗剂，避免管道中的残留奶因温度下降发生硬化。预冲洗水不能走循环，用水量以冲洗后水变清为止。

（2）碱洗。碱性清洗剂能去除污垢中的有机物（脂肪、蛋白质等）。一般碱洗起始温度在 70 ~ 80℃，循环清洗 10 ~ 15min，碱洗液 pH 值为 10.5 ~ 12.5，排放时的水温不低于 40℃。在清洗水温达不到要求时也可选用低温清洗剂，循环水温控制在40℃左右，排放时水温温度不低于25℃。

（3）酸洗。酸洗的主要目的是清洗管道中残留的矿物质，酸洗温度为35～46℃，循环清洗5min。酸洗液 pH 值为1.5～3.5（酸洗液浓度应考虑水的 pH 值和硬度），酸性清洗剂只能使用磷酸为主要成分的弱酸性清洗剂。

（4）后冲洗。每次碱（酸）洗后用符合生活饮用水卫生标准的清水进行冲洗，除去残留的碱液、酸液、微生物和异味，冲洗时间5～10min，以冲净为准。清洗完毕管道内不应留有残水。

（三）挤奶设备的维护

一台好的设备可以高效的工作，会有较长的寿命，这些都离不开严格执行的设备维护与保养。挤奶设备必须定期做好维护保养工作。除了日常保养外，每年都应当由专业技术工程师全面维护保养。不同类型的设备应根据设备厂商的要求作特殊维护。

1. 每天检查

真空泵油量是否保持在要求的范围内、集乳器进气孔是否被堵塞、橡胶部件是否有磨损或漏气、真空表读数是否稳定（套杯前与套杯后，真空表的读数应当相同，摘取杯组时真空会略微下降，但5s内应上升到原位）、真空调节器是否有明显的放气声（如没有放气声说明真空储气量不够）、奶杯内衬/杯罩间是否有液体进入。如果有水或奶，表明内衬有破损，应当更换。

2. 每周检查

检查脉动率与内衬收缩是否正常，在机器运转状态下，将拇指伸入一个奶杯，其他3个奶杯堵住或折断真空，检查每分钟按摩次数（脉动率），拇指应感觉到内衬的充分收缩。奶泵止回阀是否断裂，空气是否进入奶泵。

3. 每月检查和保养

（1）真空泵皮带松紧度是否正常，用拇指按压皮带应有

1.25cm 的张度。

（2）真空泵：应注意检查是否缺少机油。

（3）清洁脉动器：脉动器进气口尤其需要进行清洁，有些进气口有过滤网，需要清洗或更换，脉动器加油需按供应商的要求进行。

（4）清洁真空调节器和传感器：用湿布擦净真空调节器的阀、座等，传感器过滤网可用皂液清洗，晾干后再装上。

（5）奶水分离器和稳压罐浮球阀：应确保这些浮球阀工作正常，还要检查其密封情况，有磨损时应立即更换；冲洗真空管、清洁排泄阀、检查密封状况。

4. 年度检查

每年由专业技术工程师对挤奶设备作系统检查、评估和保养。评估内容除上述涉及外，还要包括：

（1）定期检查水质；

（2）每周测试水温，对照洗涤剂厂家的要求，合适的水温对洗涤效果至关重要；

（3）定期检查自动洗涤剂分配器的分配液量是否准确；

（4）定期检查洗涤冲洗力。

（5）真空泵使用半年到一年后应视情况进行拆洗检查。转子两端与泵盖端面的间隙为 0.1～0.15mm，转子径向与泵筒壁的最小间隙为 0.08mm。

（四）贮奶罐及奶罐车的清洗

贮奶罐（包括奶罐车上的贮奶罐）每天在空罐时应立即清洗一次。贮奶罐清洗不彻底时，牛乳会被严重污染，细菌在低温下也可生长，导致牛乳品质低劣。清洁贮奶罐时，最好使用低温清洗剂（具有消毒作用更佳），25～45℃ 的水温，人工刷洗是比较彻底的清洗方法。对贮奶罐内所有部分进行刷洗。奶泵、奶管、阀门每用一次后都要用清水清洗一次。奶泵、奶管、阀门应每周 2 次冲刷、清洗。尤其是要注意刷洗出口阀、搅拌器、罐盖、罐角等部位，要确保清洗剂与罐的所有部位接触至少 2min。

条件好的贮奶罐具有自动清洗功能，清洗程序如下。

（1）用 35 ~ 40℃温水冲洗 3min。

（2）1% 碱液在 75 ~ 85℃条件下循环清洗消毒 10min；

（3）用温水冲洗 3min；

（4）用 90 ~ 95℃的热水消毒 5min；

（5）每周用 70℃，0.8%~1% 的酸液循环清洗 10min。

第五节　奶厅（奶站）正常运营需要的手续

2008 年三聚氰胺事件发生后，国家针对生鲜乳质量安全问题，紧急出台了《乳品质量安全监督管理条例》（以下简称《条例》），针对收购环节中的奶站和生鲜乳运输车辆施行两证管理即"生鲜乳收购许可证"和"生鲜乳准运证明"，"两证"由奶站所在县级人民政府畜牧兽医主管部门核发。牛场、小区中的奶厅，收购散奶的奶站，乳品生产企业开办的奶台均属奶站范围，它们只有取得"两证"，才算获得合法经营权，才能正式运营。

一、获取"生鲜乳收购许可证"应具备的条件

（一）必须具备的主体资格

开办奶站，必须有《条例》规定的主体资格，一是由取得工商登记的乳制品生产企业；二是奶畜养殖场；三是奶农专业生产合作社；其他单位或者个人禁止开办生鲜乳收购站，更不许收购生鲜乳。

（二）《条例》规定的发证的条件

（1）符合生鲜乳收购站建设规划布局；

（2）有符合环保和卫生要求的收购场所；

（3）有与收奶量相适应的冷却、冷藏、保鲜设施和低温运输设备；

（4）有与检测项目相适应的化验、计量、检测仪器设备；

（5）有经培训合格并持有有效健康证明的从业人员；

（6）有卫生管理和质量安全保障制度。

（三）奶厅发证验收一般掌握的具体条件

（1）符合主体资格要求。

（2）奶厅的建设位置要合理。应在养殖场（小区）的上风处或中部侧面，距牛舍 50～100m，有专用的运输通道，不可与污道交叉。

（3）奶厅要有功能区划分。应设有挤奶厅、待挤区、设备室、储奶厅、更衣室、化验室、办公室等区域。

（4）挤奶厅环境。应干净、无积粪，储奶间、挤奶区地面与墙面应进行防滑防水处理，并不得存放任何化学物品及杂物。

（5）有与牛场产奶量相适应的冷却、冷藏、保鲜设施设备，挤出的牛奶必须在 2h 内降至 0～4℃，并得以安全储存。

（6）生鲜乳运输车。运量要与牛场奶产量相适应，运奶罐要卫生、环保、保温。

（7）化验检测能力。有与检测项目相适应的化验、计量、检测仪器设备。

（8）从业人员要求。经过从业人员资格培训，有健康证明。

（9）奶厅要有挤奶操作规程及卫生、质量安全保障、人员管理等方面的管理制度。

（10）有毒、有害化学品的管理。奶厅许可用的化学物质及产品应单独存放专人加锁保管。

（四）发证程序

《条例》对发证程序、许可时限没做规定，一般是分三步走：一是奶站申请，发证机构受理。二是发证机构及时组织人员验收。三是对符合条件的奶站（奶厅）发证，有效期 2 年。

二、"生鲜乳准运证明"的发放

"生鲜乳准运证明"一般与"生鲜乳收购许可证"同时发放，由于《条例》没对其有效期做出规定，所以有效期各地有所不同。

"生鲜乳准运证明"的发放条件：一是有自有冷藏保温运输车，运输车必须是环保卫生材质、具有一定冷藏保鲜功能。二是有与乳品生产企业签订的收购合同。

三、奶厅合法运营需要注意的一些问题

一是牛场必须有动物卫生防疫合格证。

二是生鲜乳销售、检测、设施设备清洗消毒、异常奶处理等各种记录必须有，且记录完整、真实。

三是奶车必须随车携带生鲜乳准运证明和交接单，驾驶员、押运员应携带有效的健康证明。

四是生鲜乳交接单必须存档留存 2 年。

五是每批次生鲜乳应留样并有留样记录，留样设有专门储藏柜，并要低温保存。

第六节　生鲜乳的质量要求及安全控制

三聚氰胺事件后，国家对生鲜乳食品安全的重视程度达到了前所未有的程度，出台了一系列的扶持政策和规范性文件，以加强对生鲜乳的质量控制。三聚氰胺事件让我国奶业发展遭受了重创，经验告诉我们，生鲜乳质量安全应是奶业健康发展的基础，因此对奶牛场实施质量控制至关重要，一方面预防可能发生的生

鲜乳质量问题及可能影响人体健康危害的发生；另一方面预防可能对奶牛健康危害的发生。HACCP 是 Hazard Analysis and Critical Control Point 的缩写，即"危害分析—关键控制点"，是目前国际上广泛推行的一种食品质量监控系统。在奶牛养殖场（小区）引入 HACCP 体系，对生鲜乳的每一步生产环节可能产生污染的可能性进行分析，制定预防措施，建立监测方法，进而实现对生鲜乳微生物指标的预先控制，预防可能影响人体健康的危害的发生。

一、生鲜乳的质量

现在，奶牛场生产生鲜乳越来越关注质量，因为乳品企业在收购生鲜乳时要求越来越严格，由于风味、盐分含量、微生物数量、黄曲霉毒素超标等问题造成拒收的情况时有发生，因此，使得奶牛场把优质优先于高产作为指导思想，不再单纯的以提高产量为主要目标。

（一）生鲜乳

是指在正常饲养管理下，从符合国家有关要求的健康奶牛乳房中挤出的正常生乳。产犊后七天的初乳、应用抗生素期间和休药期间的乳汁、变质乳不应用作生鲜乳。目前，我国乳品行业实行的是食品安全国家标准《生乳》（GB19301—2010），但是，在实际执行中，乳品企业在收购生鲜乳时，都采用自己制定的高于国家生乳标准的检测标准体系，更加确保了生鲜乳质量安全。

（二）感官要求

正常生鲜乳呈乳白色或稍微带微黄色，呈均与一致的液体，不含凝块，没有沉淀和肉眼可见的异物。具有特定的淡香味，无异味。

（三）理化要求

冰点在 $-0.50 \sim -0.56$，相对密度（20℃/4℃）$\geqslant 1.027$，

蛋白质（g/100g）≥2.8，脂肪（g/100g）≥3.1，杂质度（mg/kg）≤4.0，非脂乳固体（g/100g）≥8.1，酸度（°T）在12~18。

（四）微生物要求

菌落总数≤200万CFU/g（即"菌落形成单位/克"）。

（五）体细胞数（SCC）

近年来国内对生鲜乳中的体细胞数越来越重视，以此作为生鲜乳质量考核的项目之一，并作为以质定价的参考依据。一般情况下，体细胞数低于20万个/ml，说明该牛乳腺基本没有受到细菌污染。在国外奶业发达国家，体细胞数超过30万个/ml，奶价就要打折。

（六）卫生要求

乳中的污染物限量应符合GB2762的规定；真菌毒素限量应符合GB2761的规定；农药残留量应符合GB2763及国家有关规定和公告；兽药残留量应符合国家有关规定和公告。

二、在生鲜乳生产过程中可能会受到的污染

（一）牛体对生鲜乳的污染

奶牛的被毛、皮肤、腹部、乳房、后肢、尾毛是微生物附着较多的部位，不干净的牛体经常有许多异物和细菌，据报道牛体所附着的尘埃每克含几亿至几十亿细菌，牛体所附着的粪块每克中的细菌数可达几亿至上百亿，这些细菌极易落入牛乳中。所以，在挤乳前1h须进行牛体的清洗。

（二）饲料、药物对生鲜乳的污染

在奶牛的饲养过程中，不合格的饲料、抗生素等药物的使用，都会对奶源造成污染。预防措施是：确保饲料的来源、组成明确，无污染。饲料中添加物的种类和使用量要符合国家有关规定，做好奶牛防疫工作，定期进行健康检查。

（三）机械挤奶对生鲜乳的污染

1. 乳房的卫生状况

表9–2　牛乳房微生物的来源及数量

污染来源	微生物数量（个/ml）
牛乳房中	1～100
牛乳头管中	1～1 000
乳头表面	1～100 000

乳房外部沾污着含有大量微生物的粪屑和饲料等，在挤乳时会落入乳中。所以，采用一头牛配一条无菌毛巾或一次性纸巾进行清洗（表9–2）。

2. 前三把乳的舍弃

从健康乳牛的乳房中挤出的鲜乳并不是无菌的。一些小球菌属、链球菌属、棒状杆菌属和乳杆菌属等细菌可以从乳头端部侵入乳头管，因此，最先挤出的少数乳液中微生物的数量最多。为了提高生鲜乳品质，需要将头三把菌数较高的乳弃去。

3. 挤奶

挤乳杯在挤完多头牛后，微生物的数量急剧升高，并且操作过程中可能发生挤乳杯掉落在地的现象，对奶杯造成污染，进而污染牛乳。因此，要做好挤乳杯的清洁工作，防止落杯现象，挤奶员的双手定时定点消毒。

（四）贮存与运输环节可能对生鲜乳造成的污染

1. 管道运输与过滤

管道清洗不彻底，极易造成微生物污染。设备的清洗消毒状况将直接影响生鲜乳品质。因此做好设备的清洗和消毒非常重要。凡与牛乳接触的工具、容器及机械设备，在生产结束后要彻底清洗，使用前要严格消毒，不留死角。过滤网清洗不彻底也会造成微生物污染，应在使用后拆下过滤网及滤芯，用清洗剂清洗。

2. 冷却与贮藏运输

因乳的菌落基数较大，贮奶罐内乳的温度较高、未及时冷却，贮奶罐及车罐内壁清洗不彻底，未及时进行牛乳的运输，均有可能造成较严重的微生物污染。原料奶贮存及运输的温度和时间是影响奶中微生物数量的最主要因素。牛奶在加工之前保持低温冷藏很大程度上抑制了微生物繁殖，但是嗜冷菌在此条件下仍可生长，2~3 天后，奶中微生物主要是嗜冷菌。贮奶过程制冷效果差，不能使奶尽快降低到 4℃ 以下，微生物就能很快繁殖。交奶不及时，贮存期长的，嗜冷菌数明显高。所以须采用 CIP 程序清洗，将乳在 2h 内降至 4℃ 以下，挤奶后 12h（不能超过 24h）内运至加工厂。

（五）工作人员

工作人员的卫生状况与牛乳的污染程度密切相关。饲养员、挤奶员患有结核、痢疾、伤风感冒等病，或不注意个人卫生，手、衣服不清洁会在很大程度上带入微生物而污染牛乳。特别是准备工作不卫生，都有可能让挤奶员的手严重沾染引起乳房炎的细菌，在挤最初的几把奶，处理奶杯，收奶以及治疗牛乳房炎时都可能导致奶牛乳房感染，从而使原乳中微生物数量大幅度提高。

三、质量控制关键点

（一）牛群健康和卫生

保证牛群健康，不携带任何可能通过牛奶传播给人的布病、结核病等疾病；乳房炎也是最重要的影响牛群健康的疾病。在生产中，乳房对生鲜乳的污染状况严重，存在显著危害，并且这种危害不能通过后续生产工艺步骤得以消除或降低，只能通过做好牛群健康和卫生措施，使其降低到最低水平。另外，地面清洁、牛床垫沙和运动场排水良好都有利于保持牛体清洁，并通过有效的通风消除牛舍气味。

（二）设备的清洁卫生

所有的挤奶设备应尽可能保持清洁、无细菌。从正常乳房中所挤出的乳菌数较低，如果挤奶设备没有按照正常程序冲洗消毒过，细菌就会在设备的裂口处和粗糙点生长繁殖，当挤出的生鲜乳流经挤奶管道后，乳中的微生物数量就会迅速升高。因此，必须做好挤奶设备的整体清洗和维护工作。

（三）储藏和运输

乳在贮藏运输过程中微生物数量处于较高的增长状态，罐内壁清洗后残留菌数仍较高，微生物污染严重。刚挤下的乳温度在37℃左右，是微生物生长最适宜的温度，如打入贮奶罐后不能在2h内迅速降至4℃以下，则侵入乳中的微生物将会大量繁殖。实验证明，细菌在21～32℃的环境中每30min繁殖（分裂）一次，在12h内1个细菌能繁殖出1 600万个，数量相当惊人。另外，如果牛乳在挤出12h内不及时送至乳品加工厂进行加工，细菌数也将大大提高，因此，正确地冷却和储存生鲜乳，并用最短时间（不可超过2h）将挤出的生鲜乳由37℃降到4℃，可以很好地控制细菌繁殖，保持生鲜乳的品质。

（四）人员健康和卫生意识

挤奶工作人员的健康、卫生条件也决定了乳制品的质量。挤奶员患有感冒、结核等疾病，不规范、不清洁的操作习惯均可对牛乳造成污染。因此，要不断提高员工的操作技能，加强员工的卫生意识和责任心，是保障生鲜乳品质的重要条件。

（五）蚊蝇防控

蚊蝇的存在可以增加牛奶细菌数含量，有记录表明，每只苍蝇可携带125万个细菌，能传播痢疾等传染性疾病。对于苍蝇的繁殖场所，如粪堆、排污孔、废水池等，应该加强消毒管理，不给苍蝇繁殖创造适宜环境。因此，在奶牛场应该重视实施控制蚊蝇的措施。

四、生鲜牛乳生产 HACCP 管理

通过上述关键点危害分析和控制，制定出生鲜牛乳生产 HACCP 管理体系，见表9-3。

表9-3 生鲜牛乳生产 HACCP 管理体系表

关键点	危害	监控内容	监控方法	监控者	纠偏措施	记录	验证
奶牛饲养	疫病、抗生素残留	饲料安全合格证明，病牛诊治记录	审查	饲养员兽医	拒用无合格证明饲料，隔离病牛	饲料验收记录，病牛隔离诊治记录	每季度对饲料进行监测，每天审查隔离记录
乳房清洗	污秽物，微生物	菌落总数	平板计数	挤奶员兽医	一牛一毛巾或使用一次性纸巾	菌落总数记录	每个工作班次抽检乳房表面菌落总数
挤奶设备	微生物	酸碱清洗液浓度、温度、循环时间及挤奶系统细菌总数	酸碱滴定，温度计、计时器，平板计数	奶厅管理员	严格控制 CIP 酸碱浓度、温度和冲洗的循环时间	酸碱清洗剂浓度、温度、循环时间，菌落总数	每班测定酸碱清洗液浓度、温度及循环时间，抽检管道和罐壁菌落数
贮存运输	微生物	降温时间，温度，运输时间	温度计，计时器	挤奶员运输员	严格控制冷却温度和时间，定时运输	降温时间，牛乳温度记录，运输时温度记录	记录降温时间和贮存温度，运输时间，清洗消毒记录
奶厅工作人员	微生物	健康检查，着装情况	定期体检，建立卫生监督制度	奶厅负责人，医生	严格用人制度，不录用患病人员	记录患病人员情况	患病人员返岗前进行身体康复检查

第十章 病死畜和粪污处理

随着奶牛业的发展，奶牛养殖由分散养殖向规模化、集约化的方向迈进，出现了很多规模奶牛场（小区），随之而来的污染问题日渐突出。奶牛场造成的环境污染包括很多方面，最主要的是病死奶牛和粪污的污染。

第一节 病死畜的处理

病死的奶牛很多是因患了某种传染病而死亡的。其中有一些是人畜共患的传染病，如口蹄疫、结核等，这样的肉绝对不能食用。如食用这些病死的奶牛肉，人就容易被传染上这些疾病，这对人的身体健康危害极大。有些畜禽虽然不是因为传染病而死，但死亡之后，体内的有害细菌就会大量繁殖并迅速散播到肌肉里，有的细菌还能产生毒素，人若吃了这种奶牛肉，就会发生食物中毒。有些奶牛可能因吃了被剧毒农药污染的饲料而中毒死亡，人如果吃了这种奶牛肉，同样也有可能中毒，甚至造成死亡。

另外，病死奶牛如果不采取措施处理而随意丢弃，会严重污染环境、水源，危害人畜健康，甚至有可能引起传染病的发生。因此，对于病死的奶牛必须按照国家相关法律法规的规定进行无害化处理，不得随意处置。目前，病死奶牛的处理方法主要有以下四种：

一、高温蒸煮

将奶牛尸体放入特殊的高温锅内（150℃）蒸煮，达到彻底消毒的目的。

二、焚烧法

用于处理因患危害人、畜健康较为严重的传染病而死亡的病牛尸体。一般挖一十字形沟，按顺序放上干草、木柴及尸体，然后焚烧。对焚烧产生的烟气应采取有效的净化措施，防止烟尘、一氧化碳、恶臭污染环境。

三、深埋法

不具备焚烧条件的养殖场应设置 3 个以上的安全填埋井，利用土壤的自净作用使其无害化。填埋井深度大于 3m，直径 1m，进口加盖密封。进行填埋时，在每次投入尸体后，应覆盖一层厚度大于 10cm 的熟石灰，井填满后，须用黏土填埋压实并封口。或者选择干燥、地势较高，距离住宅、道路、水井、河流及其他牧场较远的指定地点，挖深坑掩埋尸体，尸体上覆盖一层石灰。尸坑的长和宽以容纳尸体侧卧为度，深度应在 2m 以上。

四、化制

将病牛尸体在指定的化制站（厂）加工处理。可以将其投入干化制机化制，或将整个尸体投入湿化制机化制。

第二节　粪污的处理

一、奶牛场粪污的危害

（一）污染土壤危害农作物生产

奶牛粪尿中大量的氮、磷物质和许多微量元素，乳肉产品中的重金属元素和农药残留，以及奶牛场的消毒药物都可直接进入土壤，改变土壤的理化特性，使许多矿物元素、微量元素和有毒物质超标。在这种土壤中种植作物，作物会吸收有毒元素并富集从而影响农作物的产品质量，农产品作饲料再饲喂家畜，势必影响畜产品的质量。同时，奶牛粪便和尸体等废弃物污染土壤后，不仅会造成大量蚊虫孳生，而且还可长期成为传染病和寄生虫的传染源。

（二）污染水源危害人畜安全

奶牛场的污水，可直接流入稻田、水库和江河湖泊等水域，引起水体氨氮量增加、溶解氧急剧下降，造成水体的富营养化。用这些水灌溉稻田，使禾苗陡长、倒伏，稻谷晚熟或绝收；用于鱼塘或流入江河，会促使低等植物（如藻类）大量繁殖，威胁鱼类生存；污物渗入地下水层，易使水体变黑发臭，失去饮用价值。此外，污水中还含有病原微生物，能传播疾病。

（三）污染空气损害人畜健康

奶牛场粪污的恶臭可直接污染空气，妨碍人畜健康。如果人长期在氨气较高的恶臭环境中，可引起目涩流泪，严重时双目失明；如果人长期在硫化氢含量较高的恶臭环境中，会引起头晕、恶心和慢性中毒症状。此外，恶臭中还夹杂着灰尘及附在灰尘中的病原微生物，能传播疾病。

（四）传播"人畜共患"疾病

据 FAO 和 WHO 报道，由于奶牛粪和排泄物中的病原微生物污染土壤、水源、大气和农畜产品，可传播多种人畜共患的疾病。

二、奶牛场粪污的治理

（一）指导思想

在生态学理论指导下，应用系统工程的方法，通过整体规划来加强宏观与微观的长效管理；实行农牧结合，建立生态农牧场；应用现代科学技术，因地制宜地处理奶牛场粪污；坚持"预防为主"，实行"分批治理与全面预防"相结合，逐步压缩奶牛场数量与调整布局相结合，达到"标本兼治"的目的，从而促进农牧业生产和环境建设的协调发展，实现环境、经济和社会效益三统一，以适应我国农牧业快速、高质发展的需要。

（二）治理措施

1. 控制奶牛场数量和规模

对奶牛场进行统一布局并适当压缩和兼并，严格控制饲养数量；严禁在水源保护区和观光旅行区等建设奶牛场；严重污染的奶牛场应关闭或停产整治后再投产。

2. 科学规划设计奶牛场

奶牛场应选择在离城区、居民点较远的地方，必须保证不对饮用水源产生污染，场内设施齐全，特别是应有与饲养规模相配套的粪污处理设施。

3. 科学使用添加剂

（1）在饲料或垫料中添加各种除臭剂，如沸石，它有较强的吸附能力，可减少粪臭；又如美洲的植物丝兰的提取物，它有两种活性成分，一种可与氨气结合；另一种可与其他有害气体结合，从而减少奶牛舍内的气味。

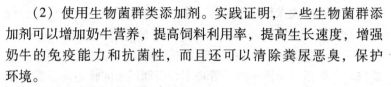

（2）使用生物菌群类添加剂。实践证明，一些生物菌群添加剂可以增加奶牛营养，提高饲料利用率，提高生长速度，增强奶牛的免疫能力和抗菌性，而且还可以清除粪尿恶臭，保护环境。

4. 选择合适的粪尿处理模式

奶牛粪尿处理模式选择与粪尿收集方式、粪尿处理技术、处理物出路、管理水平、工程投资及运行成本等因素有关，大体可以概括为以下 3 种模式。

（1）堆肥好氧发酵还田模式。将粪污收集后堆积，在有氧的情况下，利用微生物对粪尿有机质进行降解、氧化、合成、转换成腐殖质的生物化学处理工程，并同时产生高温杀死粪尿中的病原微生物、寄生虫及虫卵，是粪尿快速腐熟、无害化，然后将处理后的粪污作为肥料还田利用。

该模式的优点是投资省，不耗能，无需专人管理，基本无运行费。其缺点是：粪尿混合不便运输；干湿分离后，液体部分要沉淀发酵，还需要大面积场地堆积粪肥，阴雨季节难以操作；存在着传播疾病的危险；在使用量过大、使用频率过高的情况下会导致硝酸盐、磷及重金属的沉淀，从而给地表水和地下水带来污染；恶臭以及降解过程产生的氨、硫化氢等有害气体的释放会对大气造成污染。这种模式适合在远离城市、经济不发达，土地宽广，有足够的农田消纳养殖场粪尿的地区，特别是种植常年施肥作物，如蔬菜、经济作物的基地。

（2）厌氧发酵处理模式。该模式是在缺氧条件下，利用微生物的降解合成作用，将粪尿有机物转化为能源。沼气池是厌氧发酵的最好方式，牛粪尿直接排入沼气池，在沼气池内进行厌氧发酵产生沼气，沼气作为燃料能源，沼渣还田或做鱼饲料利用。此技术实现了能源、肥料、饲料、环保的良性循环，可以建立生态农业。

该模式的优点是技术操作容易，处理效率高，投资少，运行管理费用低，对周围环境影响小。缺点是后处理需要占用土地，沼气的生产受季节、环境、原料材料影响大，存在产气不稳定的缺陷。一些沼气池由于维护管理不好而利用时间较短。最需要重视的是沼渣、沼液的处理，如果不能及时由足量的土地消纳，仍有可能造成和粪尿直接排放一样的污染。

（3）达标排放处理模式。与前面两种模式相比，该模式技术含量最高，对出水水质要求最严。首先将来自牛舍的粪尿进行固液分离，分离出的固体粪渣生产有机复合肥，液体进入厌氧处理系统。如果离城市污水处理厂较近，厌氧处理的出水在达到《畜禽养殖污染物排放标准》后可以排入城市污水处理厂与城市污水一起处理。

该模式的优点是适应性广，不受地理位置限制；占地少；可达标排放。缺点是投资大，能耗高，运行费高；机械设备多，维护管理量大，需要专门的技术人员运行管理。

在地处大城市近郊，经济发达、土地紧张、周边既无一定规模的农田，又无闲暇空地可供建造鱼塘和水生植物塘的大型奶牛场，可采用该模式。

5. 正确选择奶牛场污水处理方法

目前，奶牛场污水处理方法主要有以下几种。

（1）物理处理法。该方法是利用格栅或滤网等设施进行简单物理处理的方法。经物理处理的污水，可除去40%~65%的悬浮物，并使生化需氧量下降25%~35%。

（2）化学处理法。该方法是用化学药品除去污水中的溶解物质或胶体物质的方法。

混凝沉淀：用三氯化铁、硫酸铝、硫酸亚铁等混凝剂，使污水中的悬浮物和胶体物质沉淀而达到净化的目的。

化学消毒：常用氯化消毒法，把漂白粉加入污水中达到净化目的，该方法方便有效，经济实用。

（3）生物处理法。该方法是利用污水中微生物的代谢作用分解其中的有机物，对污水进一步处理的方法。

①活性污泥法：在污水中加入活性污泥并通入空气，使其中的有机物被活性污泥吸附、氧化和分解达到净化的目的。

②生物过滤法：是使污水通过一层表面充满生物膜的滤料，依靠生物膜上微生物的作用，并在氧气充足的条件下，氧化水中的有机物。

第十一章　奶牛三大常见病的防治

第一节　奶牛疾病的预防措施

奶牛疾病种类很多，包括内科病、产科病、传染病、寄生虫病和外科病。这些疾病是影响奶牛业健康发展的主要因素，奶牛一旦发病，就会降低生产性能，甚至造成死亡，同时还导致饲养成本增加，降低奶牛饲养业的经济效益，奶牛预防保健措施是预防疾病发生的关键技术，实施科学、有效的防疫保健措施，可减少或避免各种疾病的发生，提高奶牛的生产性能，增加奶牛业的经济效益。因此，为了预防和控制奶牛疾病，奶牛场必须坚持"防重于治、预防治疗结合"的方针，采取综合性的防疫措施，减少疾病的发生，而一旦发病，只要及时进行诊治，可使患病造成的损失与危害降到最低限度。

一、加强日常观察和监测

（一）观察采食情况

健康的奶牛有旺盛的食欲，吃草料的速度也较快，吃饱后开始反刍。在草料新鲜无霉变的情况下，如果发现奶牛对草料只是嗅嗅，不愿吃或吃得少，即是有病的表现。

（二）检查粪尿情况

健康牛的粪便落地呈烧饼状，圆形，边缘高中心凹，并散发出新鲜的牛粪味，尿呈淡黄色、透明。如发现大便粒状或腹泻拉稀，甚至有恶臭，并有血液和脓汁，尿也发生变化，如颜色变黄或变红就是有病的现象。

（三）观察牛精神面貌

健康的奶牛动作敏捷，眼睛灵活，尾巴不时摇摆，皮毛光亮。如果眼睛无神，皮毛粗乱，拱背，呆立，甚至颤抖摇晃，尾巴也不摇动，就是患病的征兆。

（四）观察鼻镜

健康牛正常情况下鼻镜不断汗珠，颜色红润；若鼻镜干燥无汗珠就是患病的表现。

（五）监测异常牛体温

正常体温为37.5~39.5℃，对出现异常表现的牛只，要加强体温监测。如果体温超过或低于正常范围即提示患病。体温低于正常范围的牛，一般可能是患了大失血、内脏破裂、中毒性疾病，或者将要死亡。如果病牛发热与不发热交替出现则可能患有慢性结核、焦虫病或锥虫病等疾患。

（六）定期监测产奶量

通过对奶牛产奶量的测量，比较各次记录的产奶量的差别。健康的奶牛产奶量比较平稳，如果产奶量突然下降，则是有病的征兆。

二、加强饲养管理，搞好清洁卫生

只有通过加强饲养管理，搞好清洁卫生，增强乳牛的抗病能力，才能减少疾病的发生。在饲喂前必须仔细检查各种饲料是否合格，凡是发霉、变质、腐烂的饲料不得饲喂。牛的日粮应根据营养标准配制，满足牛只生长与生产的需要，并根据不同阶段及时进行调整。要保证供应足够的清洁饮水。饲喂时还要经常注意牛的食欲变化及对饲料的特殊爱好。还要让奶牛保持适量运动，每天上、下午让奶牛在运动场自由活动1~2h，以增强心肺功能，促进钙盐利用，防止骨软症、肢蹄病、难产、产后瘫痪，提高产奶量,但夏季应避免阳光直射牛体。牛舍门窗要随季节及气候变化注意开闭。遵循的一般原则是:冬天要保暖,空气要流通,防止贼风及穿堂风,以防感冒;夏天要做好通风与防暑降温,有条件的可用冷水喷淋,防止产生热应激。牛舍要尽量做到清洁与干燥。

三、严格执行消毒制度,加强隔离与封锁

必须严格执行消毒制度,清除一切传染源。生产区及牛舍进口处要设置消毒池和消毒设备,经常保持对进出人员及车辆的有效消毒。生产区的消毒每季度不少于一次,牛舍每月消毒一次,牛床每周消毒一次,产房、隔离牛舍与病牛舍要根据具体情况进行必要的经常性消毒。如发现牛只可能患有传染性疫病时,病牛应立即隔离喂养,淘汰死亡牛应送到指定地点妥善处理。养过病牛的牛舍场地应立即进行清理与消毒,污染的喂养用具也要严格消毒,垫草垫料要及时烧毁。发生呼吸道传染病时,牛舍内还应进行喷雾消毒。在疫病流行期间应加强消毒的频率。

引进新牛时,必须先进行必要的传染病检疫。阴性反应的牛还要按规定隔离喂养一段时间,确认无传染病时,才能并入牛群喂养。当暴发烈性传染病时,除严格隔离病牛外,应立即向上级主管部门报告,还应划区域封锁。在封锁区边缘要设置明显标志,减少人员往来,必要的交通路口设立检疫消毒站,尤其是在封锁区内更应严格消毒。应严格执行兽医主管部门对病、死牛的处理规定,妥善做好消毒工作。在最后一头牛痊愈或处理后,经过一定的封锁期及全面彻底消毒后,才能解除封锁。

四、建立定期检疫制度

牛结核病与布鲁氏菌病是牛场中最常见的人畜共患病。早期检出患病牛只,及早采取果断措施,以确保牛群的健康与牛乳质

量安全。牛结核病可用牛结核病提纯结核菌素变态反应法检疫，健康牛群每年进行两次。牛布鲁氏菌病可用布鲁氏菌试管凝集反应法检疫，每年两次。其他的传染病可根据具体疫病采用不同方法进行。寄生虫病的检疫则根据当地经常发生的寄生虫病及中间宿主进行定期的检查，如屠宰牛的剖检、寄生虫虫卵的检查、血液检查以及体表的检查等，对疑似病牛及早作预防性治疗。

五、定期执行预防接种制度

各地应遵照执行当地兽医行政部门提出的奶牛主要疾病免疫规程，因地制宜，定期接种疫苗。增强奶牛对传染病的特殊抵抗力。

第二节　奶牛乳房炎的防治

乳房炎是奶牛最常见的疾病之一，也是对奶业养殖业危害最大的一种疾病。乳房炎是指奶牛乳腺受到物理、化学和微生物等刺激所发生的一种炎性变化，其特点是乳汁发生了理化性质变化，白细胞增加，以及乳腺组织发生病理学变化。乳房炎分临床型和隐性两种。据世界奶牛协会统计，全世界约有 2.2 亿头奶牛，其中约 1/2 左右的奶牛患有各种类型的乳房炎，每年因此造成的损失高达 350 亿美元。临床型乳房炎占到奶牛总发病率的 22% 左右，其淘汰率约为 9%~10%。隐性乳房炎占奶牛乳房炎发病率的 90%，危害极其严重。我国临床型乳房炎发病率为 33.41%（9.7%~55.6%），隐性乳房炎平均头阳性率为 73.91%，乳室患病率为 44.74%（数据来源于中国农业科学院兰州畜牧与兽药研究所）。养殖水平较高的规模奶牛场，临床乳房炎发病率能控制在 20% 以下，而一些散户或养殖水平较差的奶牛场，年发病率可达 50% 以上。奶牛乳房炎不仅造成产奶量下降、乳品质改变，甚至可致乳区化脓、坏疽、失去泌乳能力，经济损失巨大，同时由于临床上应用大量抗生素类药物，存在药物残留的风险，影响了牛乳的质量安全，乳房炎防治问题越来越受到人们的重视与关注。

一、发病原因

病原微生物是引起乳房炎的主因，奶牛生活环境、奶厅管理以及奶牛自身体况等因素也与该病的发生有关。

（一）病原微生物

微生物感染是引起奶牛乳房炎的主要原因，且多呈混合感染。乳房炎的致病菌有多种非特定的病原微生物，包括细菌，支原体、真菌、病毒等。无乳链球菌和金黄色葡萄球菌是常见菌，无乳链球菌是乳腺的专门寄生菌。引起乳房炎的病菌在不同地区又有差异。病原微生物侵入乳头管引起乳房炎是主要途径。按照传染方式和生活繁殖场所可将病原微生物分为两类。

1. 环境性病原菌

这类病原菌包括大肠杆菌、乳房链球菌、化脓性棒状杆菌、梭状芽孢杆菌等，主要存在于牛体外环境中，如尘土、粪便、垫料、饲料、设备等。当牛体与外界环境接触时，就可感染发病。

2. 传染性病原菌

这类病原菌包括无乳链球菌、停乳链球菌、牛棒状杆菌、金黄色葡萄球菌等。主要存在于牛乳房表面和乳房中，在挤奶时由挤奶员的手、清洗乳房的毛巾、挤奶杯等方式传播。传染性致病菌可能在患区存活很长时间。

（二）环境、气候、应激因素

运动场凹凸不平，积水泥泞、长期不清理、不消毒，牛舍地面和排尿沟内粪便与污染堆积、尘埃多等，导致乳房外伤和病原微生物大量生长繁殖，尤其是在夏季高温高湿、阴雨连绵的天气中，地面污泥浊水，粪尿存留，牛只趴卧，为细菌侵入创造了机会。据统计，乳房炎在 4～9 月，尤其是 7～8 月份发生率较高，其他月份相对较少。

（三）奶厅管理等人为因素

牛场工作人员主观上无菌观念差，管理措施不当，操作不当均可造成乳房保健不到位，使细菌乘隙而入。尤其是挤奶过程中病牛乳汁不集中，挤在地面上，不冲洗消毒；没有严格执行挤奶操作规程，手工挤奶不熟练和技术不当，造成乳头黏膜受伤；机械挤奶时间过长，挤奶过速（脉速器超过 60 次/分钟以上）也会损伤乳头皮肤黏膜，另外，挤奶杯橡胶内衬卫生状况和挤奶后机器的消毒效果都可以影响细菌的存在。

（四）其他因素

营养超标或不足、酸中毒、激素分泌失调、先天性自身因素、机械损伤乳头或其他疾患等因素也可引起乳房炎的发生。

二、临床症状

（一）临床型乳房炎

临床型乳房炎发生后，乳房和乳汁出现肉眼可见的临床变化，其症状表现为：乳汁出现絮状物、结块或呈水样；乳腺组织表现红、肿、热的炎症反应；体温升高、精神沉郁、拒食等。临床型乳房炎包括：最急性乳房炎、急性乳房炎、亚急性乳房炎。

1. 最急性乳房炎

发病突然，发展迅速。乳房患区明显肿大，皮肤发紫，痛感明显。产奶量剧减，全身症状明显，食欲废绝，体温 40～42℃，呈稽留热型。粪便黑而干，肌肉无力，卧地不起，脱水严重，眼窝下陷，严重者休克甚至死亡。这类乳房炎一般为大肠杆菌感染，如果感染严重，细菌释放内毒素，可引起休克，这是新产奶牛发生临床型乳房炎后很快死亡的主要原因；大肠杆菌乳房炎的另一个特征是不会转成慢性，也没有慢性转成急性的过程。

2. 急性乳房炎

多出现于新产牛或产后泌乳早期。常出现一个或多个乳区肿胀，皮肤发红疼痛明显，质地发硬。全身症状较轻，精神尚好，体温正常或稍高，食欲正常或略有减退，反刍正常，产奶量下降为正常产量的 1/3 ~ 1/2，乳汁灰白色，混合有大小不等的奶块或絮状物。

3. 亚急性乳房炎

急性乳房炎经过 15 天左右治疗，乳房肿胀仍不消退的，多数转为亚急性乳房炎。患病乳区红、肿、热、痛的表现程度差别较大，乳汁稀薄或黏稠，体细胞数和 pH 值较高，氯化钠含量也高，但采食、反刍、体温等均正常。

（二）慢性乳房炎

由急性乳房炎转变而来，临床症状不明显。体温食欲上无明显变化。患区乳房组织弹性降低、略硬。乳汁有轻度颜色变化和数量变化，有絮状物，凝块和少量血液出现。

（三）隐性乳房炎

又称亚临床型乳房炎，没有明显临床症状。肉眼观察乳房和乳汁都无大变化和异常，只有产奶量下降。通过实验室生化、细菌学试验，主要表现乳汁的 pH 值、电导率、白细胞和细菌数增加，pH 值 7.0 以上，偏碱性，氯化钠含量在 0.14% 以上，体细胞数在 50 万个/ml 以上，细菌数和电导率均增高。

三、诊断

临床型乳房炎有肉眼明显可见的临床症状，在生产中易于诊断；患隐性乳房炎的奶牛没有明显的临床症状，只能运用各种方法对乳汁进行检测。已有不同的方法用于诊断隐性乳房炎，其中常用的检测方法有加州乳房炎试验（CMT）、乳汁体细胞计数

（SCC）、乳汁病原微生物培养、乳清蛋白量测定、血清蛋白测定和乳汁抗胰蛋白酶活性测定等。乳汁体细胞计数是目前鉴别乳区、牛只和牛群乳房炎的有效方法，可确定乳汁中体细胞数范围，较精确地判断隐性乳房炎的炎症程度，对乳房炎的诊断具有重要意义。

四、治疗原则和措施

对乳房炎的治疗原则是及早发现，及早治疗，力争 3～5 天治好，消除病原和病因，提高机体抵抗力，改善全身状况。

（一）抗生素疗法

应用抗生素溶液进行患区注射是治疗乳房炎的基本方法之一，也是临床乳房炎治疗的首选途径。在临床上用抗生素配合地塞米松或强的松等组成复合方剂，通过乳头乳导管进行注射，治疗效果较好。对有全身症状的严重乳房炎病牛，除局部治疗外，实行强心、补液、抗坏血、预防酸中毒的输液治疗。可用 5% 葡萄糖生理盐水 2 000ml，青霉素 800 万 U 到 1 200万 U，地塞米松 50mg，维生素 C 5mg，静脉注射，每日 1 次，连用 3 天。目前较新使用的有氟喹诺酮类药物，能杀死吞噬细胞内的金黄色葡萄球菌，对支原体感染也有较好疗效，该类药物能显著提高奶牛乳房炎的治愈率，但这类药物在欧洲批准使用而在北美禁用。

（二）中医疗法

中医治疗乳房炎的原则是解毒、活血散结清热凉血，提高机体淋巴细胞刺激指数和中性粒细胞的吞噬力，并能明显降低奶牛隐性乳房炎的发病率。实践显示，重要可以调节机体免疫机制，但是最好配合其他药物联合使用才能取得理想效果。常用方剂有消黄散、乳房消肿散。常用的药物有双花、当归、川芎、芍药、瓜蒌、益母草、生地、黄芪、甘草等。临床上可辨证施治、根据病情，个体组成方剂，制成散剂或水煎剂服用。方剂 1：蒲公英、双花各 100g，连翘、地丁、王不留行各 80g，瓜蒌、木通、通草各 40g，穿山甲、当归、黄芪、甘草各 30g，煎服，每日 1 次，连服 3 剂，同时配合热敷治疗。方剂 2：蒲公英、双花、连翘各 50g，木芙蓉、浙贝、丝瓜络、瓜蒌丝各 30g，乳房如有硬块，再加黄柏、皂刺、炮山甲各 30～40g；乳房增生有硬块，则加昆布、海藻、蚤休各 30～40g，研末冲服，每日 1 剂，连服 3～4 剂。

（三）局部外用药物疗法

乳房炎症初期用 2% 硼酸溶液，1%～3% 醋酸铝溶液，5%～10% 明矾溶液等在患部冷敷。乳房炎初期可用 70～80℃ 热水加入适量硫酸镁（10%～20%）或硫酸钠进行冷敷，后期实行热敷，每天数次，每次 30min 左右，并轻轻按摩乳房，外敷后涂擦活血消肿药物。

（四）中西结合治疗

应用抗生素，激素、止血剂驱虫药等药物进行临床症状治疗，辨证施治，实行中医临床治疗和巩固治疗。中西结合疗法是治疗乳房炎的最基本、最合理的治疗方法。其中，盐酸左旋咪唑是驱虫药，但同时具有免疫活性；黄芪多糖是纯中药提取物，具有较好的免疫调节机制，临床上将两者配合应用治疗奶牛隐性乳房炎，证实效果明显。

五、乳房炎的预防

通过乳房的保健、榨乳规范、及时发现、定期检测追踪、合理治疗来达到预防的目的。

（一）保持环境卫生

卫生较差的环境是微生物生长繁殖的重要场所，也是隐性乳房炎感染的重要环节。因此，保持良好的环境卫生，防止病原微生物的繁殖是预防的关键。圈舍、运动场要保持清洁干燥，及时清理粪便和积水，并定期消毒；牛床垫草干燥、柔软，并且要经常更换；经常刷拭牛体，保持乳房清洁，对接触到乳房的物品、器具、人员均要清洁消毒；杀虫除蝇，切断病原微生物的繁殖传播途径。

（二）加强饲养管理

加强奶牛的产前治疗和产后护理工作，防止挤、压、碰、撞等对乳房的伤害；同时，合理搭配日粮，日粮中适量添加有机锌、铜、硒、维生素 A 和维生素 E 等抗氧化性微量养分，提高奶牛的抗病力和生产性能，降低乳炎炎的发生病率；当乳房明显膨胀时，应适当减少多汁饲料和精料的饲喂量；分娩后控制饮水并适当增加运动和挤乳次数。

（三）定期监测、监控乳房炎的发生

加强对乳房炎的监控；应用检测技术，定期对隐性乳房炎进行监测和监控是最积极有效的预防手段。现行的加利福尼亚检测法（CMT）、兰州检测法（LMT）等都比较实用有效，应用诊断试剂和工具，随时对奶牛群进行检测、及时发现病牛，采取积极有效的治疗措施，将患病牛与健康牛分开饲养，防止向临床型乳房炎转化发展。对那些长期检测阳性、乳汁表现异常、产奶量低、反复发作、长时间医治无效的病牛，要坚决淘汰。

（四）规范挤奶操作

良好的挤乳操作规程是预防隐性乳房炎的主要措施之一，必须严格遵守。建立稳定和训练有素的挤奶队伍。注意挤奶的顺序，先挤健康奶牛，后挤有问题奶牛，避免交叉感染。严格按照挤奶程序挤奶，消毒液要现配现用，挤奶前后 2 次彻底药浴，避免挤奶不完全或过度挤奶。刚分娩和患有乳房炎的奶牛应人工挤奶。病牛单独隔离挤奶，病牛痊愈后才可机器挤奶。

（五）干奶期预防

达到干奶时间的奶牛要根据情况一次或多次干奶。在停奶当天，充分按摩乳房、挤净乳汁，每个乳房内经乳头管注射 1 个治疗剂量的抗生素（如青霉素 80 万 IU、链霉素 1 130万 IU）或使用专用停奶药物，再用抗生素药膏对乳头进行封闭。对有乳房炎病史的奶牛在第一次注药后，间隔 21 天进行第二次注射、封闭。

（六）使用疫苗免疫预防

注射奶牛乳房多价灭活疫苗，可提高奶牛机体对葡萄球菌、大肠杆菌等的免疫力。接种乳房炎疫苗能有效地控制乳房炎的发生，特别是急性乳房炎。需要注意的是，目前的疫苗对于大肠杆菌、金黄色葡萄球菌引起的乳房炎比较有效，但是对于链球菌等引起的乳房炎效果不理想。

综上所述，乳房炎是由环境、微生物和牛体 3 个方面综合导致的疾病。在预防过程中，以奶厅管理最为重要，可以通过加强操作规范，创造良好、卫生、清洁的环境条件来改善奶厅管理，将乳房炎的发生降低到最低限。还可以通过加强繁育和饲养管理工作，促进奶牛机体健康、强壮，提高对病原体感染的抵抗力，从而最大程度的降低乳房炎的发病率。只有采取综合措施，乳房炎的预防才有效。综合措施的实施，必须常年坚持，持之以恒。

第三节　子宫炎的防治

产后子宫炎是奶牛极为常见的疾病，通常指产后子宫内膜或子宫内膜及更深层感染而发生的炎症。这种感染可能会引起败血症症状，对以后繁殖有可能产生严重影响。子宫炎在牧场的发生率一般超过 8%，严重的甚至超过 40%，该病在奶牛群尤其是中高产牛群发生频率较高，患有子宫炎的牛情期受胎率降低，产犊间隔延长，淘汰率升高，造成的经济损失较大。

一、病因

（1）分娩过程中消毒不严，助产不当，助产动作粗暴，难产处理不当造成产道黏膜损伤严重；子宫脱出，在治疗过程中清洗消毒不彻底造成污染；母牛产后护理不当，母牛外阴松弛与地面接触，造成病菌侵入感染，引起子宫炎。

（2）人工授精操作不规范，配种时母牛外阴部、输精器械消毒不严，输精操作鲁莽，导致器械性损伤，进而造成子宫感染。

（3）牛体尤其是产后母牛后躯、外阴部长期不清理、消毒，缺乏运动，营养不良，畜舍光照不足，牛床不洁，通风不良，环境潮湿，产房消毒不严，褥草不干净、发霉，导致感染各种致病菌侵入子宫造成感染。

（4）继发性感染许多其他疾病是子宫发生感染的诱发因素，其中阴道感染是引起子宫炎的主要诱因。另外，难产、恶露滞留、胎衣不下、死胎、阴道脱、子宫脱、布病、结核病和各种产后代谢疾病均可诱发子宫炎。

二、症状

根据炎症性质可分为脓性、黏液性脓性、黏液性和隐性四种类型。

（一）脓性子宫内膜炎

多由胎衣不下感染、腐败化脓引起。主要症状是从阴道内流出灰白色、黄褐色浓稠的脓性分泌物，在尾根或阴门形成干痂。直肠检查子宫肥大而软，无收缩反应。回流液浑浊，像面糊，带有脓液。通过超声波扫描图像，可以观察到子宫壁厚度变化和子宫内脓汁量多少，进而做出快捷判断。

（二）黏液脓性子宫内膜炎

病牛发情周期不正常，从阴门排出灰白色或黄褐色稀薄、絮状脓液，在尾根、阴门、大腿和飞节以上场附有脓样分泌物或形成干痂。直肠检查子宫角增大，子宫壁呈增厚状态，较松软，收缩无力，体温升高，食欲减退。

（三）黏液性子宫内膜炎

直肠检查子宫角变粗，子宫壁增厚，弹性减弱，收缩反应微弱。母牛卧下或发情时从阴门流出较多浑浊或透明带有絮状物的黏液。子宫颈口稍开张，子宫颈、阴道黏膜充血肿胀。

（四）隐性子宫内膜炎

直肠检查五器质性变化，只是发情时分泌物较多，有时分泌物不清亮，略浑浊，黏液韧性差，吊线短而易断，临床上不表现任何症状，发情周期正常，但屡配不孕，由于子宫的轻度感染，常造成受精卵或胚胎发生死亡。

三、诊断

产后发生的子宫内膜炎多为急性，症状明显，根据直肠检查时子宫的反应和阴道流出的脓性分泌物很容易做出诊断。而隐性子宫内膜炎、慢性子宫内膜炎由于除屡配不孕和分泌物略显浑浊外，其他症状不明显，临床诊断较为困难，目前，广为采用的隐性子宫内膜炎诊断方法主要是子宫回流液检查法。方法是冲洗子宫，将子宫冲洗的回流液静置一定时间后，可发现有沉淀物或絮状浮游物。慢性卡他性子宫内膜炎的回流液像淘米水；慢性卡他脓性子宫内膜炎的回流液像面汤、米汤；慢性脓性子宫内膜炎回流液像稀面糊或黄色脓液。

四、防治

治疗奶牛子宫内膜炎主要是控制感染、消除炎症和促进子宫腔内炎性分泌物的排出，促进子宫机能恢复，对有全身症状的进行对症治疗。

（一）子宫冲洗

可用0.1%高锰酸钾液、0.02%呋喃西林液、0.02%新洁尔灭液等冲洗子宫。充分冲洗后，子宫腔内灌注青链霉素合剂，每日或隔日一次，连续3~4次。

（二）抗生素疗法

对轻症的子宫内膜炎，排出渗出液后，用青霉素80万~160万IU、链霉素100万IU、灭菌注射用水30~50ml，或0.5%盐酸四环素或土霉素溶液50ml注入子宫内，1次/天，连用3天；或0.5%金霉素溶液200ml与生理盐水及青、链霉素交替使用，5天冲洗1次。对顽固性脓性子宫内膜炎可试用10%樟脑油20ml、氯霉素2g、呋喃西林0.5g的混合液注入子宫，隔7~10天1次，连用2~3次。

（三）肌注或静注

全身症状明显的，要肌注或静注抗生素，并补钙或补糖。

（四）预防

（1）科学饲养管理，营养全面均衡，防止母牛肥胖。产前1~1.5月，母牛应有足够的运动时间。合理添加VA、VD、VE及Se、Ca、P等，以减少胎衣不下和子宫迟缓发生。

（2）加强产房环境卫生管理和消毒工作，降低产后生殖器官感染几率。产后每天1~2次对外阴及后躯清洗、消毒，勤换垫草。

（3）正确接生、助产，接产树立无菌观念，助产人员手臂及器械应严格消毒，对正产、经产母牛强调自然分娩，对初产母牛助产应待胎儿肢蹄露出产道后再进行助产。尽量减少手臂和器械与母牛产道接触，助产动作柔和，防止人为造成母牛产道损伤。

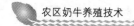

（4）严格推行人工授精操作规程，使用标准化输精器械，严格彻底的清洗消毒。

第四节　蹄病的防治

近年来，随着奶牛集约化饲养程度的提高，奶牛蹄病的发生率也有所上升。据报道，我国奶牛肢蹄病发病率为30%~80%，在奶牛群中各年龄的牛均易患蹄病，且多为散发，其中，高产奶牛，尤其是分娩后的奶牛易发。肢蹄病主要是肢蹄增生形成变形蹄，以及蹄底溃疡、蹄底外伤、蹄叶炎等疾病。蹄病是奶牛跛行的主要原因，使病牛运动不便，影响泌乳量，给奶牛场带来一定的经济损失。所以，以管理者应经常检查和保护奶牛肢蹄，尽可能减少肢蹄病的发生。

一、病因

（一）病原

病原菌感染是奶牛蹄病发生的主要原因，从一些发病的奶牛蹄病病例中分离的病原菌主要有结节状类杆菌、产黑色素类杆菌、脆弱类杆菌和坏死杆菌，此外，螺旋体、梭杆菌、球菌、酵母菌及其他一些条件性致病菌也是蹄病的病原菌。

（二）环境

蹄病的发生与季节变化有关。炎热多雨的夏季，肢蹄长期处于潮湿环境中，高温高湿引起奶牛的热应激，使机体抵抗力下降，加上病原菌繁殖特别快，所以，肢蹄很易感染发炎。畜舍地面为坚硬水泥地面，会加重蹄与地面的摩擦，造成奶牛肢蹄挫伤。高温条件下牛舍环境卫生状况差，通风不良，地面潮湿污浊，牛舍中的粪便及污水极易分解产生大量的氨，引起奶牛肢蹄对环境的抵抗力降低，加重肢蹄损伤。

（三）饲养管理

为追求产奶量，在饲料中过量增加精饲料的喂量或易发酵的碳水化合物饲料，饲料精粗比例不当以及饲料突变等因素引起的瘤胃酸中毒，引起蹄部淤血和炎症，并刺激局部神经而产生剧烈的疼痛。此外，一些营养因素可影响敏感组织角蛋白和血管网的形成，从而发生蹄病，其中，较为重要的营养成分是维生素 A、维生素 D、钙、磷等。一般钙、磷的比率在 1.5～2.1 范围内吸收率高，如果失调就会引发软骨症，形成跛行，从而引发各种类型的肢蹄病。

（四）疾病

由于奶牛肢蹄缺乏保健措施，蹄部负重不均，易发生蹄病。严重的胎衣不下、子宫内膜炎、乳房炎、胃肠炎、瘤胃酸中毒、霉变饲料中毒等炎性疾病可引起代谢紊乱，并产生大量组织胺、乳酸、内毒素等炎性产物，从而引起蹄病。

（五）遗传

奶牛蹄部性状遗传系数为 0.6，且与生产性能成高度正相关。奶牛的体形和品种也与蹄病的发生有关，品种不同蹄病的易感性也不同。牛蹄壳颜色就与遗传有关，其中，蜡黄颜色的蹄壳偏软易患蹄病。此外，蹄变形与公牛的遗传性也有关系，如果公牛有先天蹄变形，则后代也极易患该病，如螺旋状趾。

二、症状

奶牛蹄病主要表现为蹄部红、肿、热、痛和站立姿势不正、跛行等运动功能障碍。急性病例表现为肢蹄局部红肿、发热，患肢不敢负重，弓背，蹄部温度较高，叩诊或钳压敏感、疼痛。患牛常卧于地面，卧地后患病肢蹄外伸，常呈侧卧姿势。严重者出现全身症状，体温升高，呼吸加快，采食减少，泌乳量下降。慢性病牛的全身症状轻微，有的仅表现为食欲缺乏，产奶量下降，病牛不愿站立和运动，常躺卧，运动时出现跛行症状。

三、诊断

根据外部表现、临床症状即可诊断。

四、防治

（一）营养调控

（1）为预防蹄叶炎的发生，按需提供奶牛对能量和蛋白质的需要量，不能随意更改。干奶期应饲喂符合奶牛营养需要标准的精料，而且给予优质粗饲料。

（2）搭配较好、含有微量元素锌的无机盐混合料，因为锌对预防趾间蜂窝织炎有效，增加微量元素锌还可以提高对细菌的感染力，而且在感染的情况下微量元素锌也可提高皮肤病的恢复效果。按每头牛每天供给 2~4g 硫酸锌的量，治疗效果较好。对于急性蹄叶炎也可静脉注射葡萄糖酸钙，肌注维生素 A、D 或维生素 D_3 等制剂，也能起到很好的治疗效果。

（3）产奶期母牛的钙、磷需求量：产奶母牛的钙磷维持需要量按每 100kg 体重给 6g 钙、4.5g 磷。产奶母牛的钙磷产奶需要量按每产 1kg 标准乳给 4.5g 钙、3g 磷。钙、磷比以 1.5~2：1 为宜。

（4）后备母牛的钙磷维持需要量按每 100kg 体重给 6g 钙、4.5g 磷。后备母牛的钙磷增重需要量按每增重 1kg 给 20g 钙、13g 磷。

（二）检查修蹄

每年应检查修蹄两次。修蹄工作应由经过培训的专业人员进行，首先必须有专用的修蹄固定架，在固定牛时须注意保护奶牛乳房和防止已孕奶牛受伤流产。其次是将过长的蹄角质剪除，最后是修整蹄底，主要是要保证蹄形端正，做到肢势正确。腐蹄病的治疗：先用清水刷洗患蹄，再用1%高锰酸钾溶液洗净。用带钩的蹄刀修削腐蹄并清除腐烂组织。对溃疡灶可用双氧水冲洗，涂以10%碘酊。将高锰酸钾粉撒布患部或塞入腔洞，再将松馏油或纯鱼石脂沾在药棉上敷于患部。然后用绷带包扎患蹄，最后在绷带上及蹄冠、球关节部再涂以10%碘酊。患牛拴系在干燥清洁的细沙质地面，必要时铺垫褥草。对于皮肤过度增生的蹄间系增生肉芽部分，可以手术切除，将牛蹄固定，球节处打紧止血绷带，应用2%普鲁卡因局部麻醉，手术切除增生后，在趾缝内撒土霉素，蹄外打绷带。

（三）药物蹄浴

蹄浴是预防蹄病的重要卫生措施。蹄浴较好的药物有福尔马林或4%~6%硫酸铜溶液，取福尔马林3~5L加水100L，温度保持在15℃以上，如果浴液温度降到15℃以下，就会失去作用。4%硫酸铜效果也很好。硫酸铜一方面有杀菌的作用，另一方面有硬化蹄匣的作用。装浴液的容器宽度约75cm，长3~5m，深约15cm，溶液深应达到10cm。蹄浴最恰当的地方是设在挤奶间的出口处，浸浴后在干燥的地方站立停留半小时，其效果更好。根据成年母牛的数量，每次蹄浴需进行2~3天。如果药浴液过脏时应予更换新的药液。在舍饲情况下，蹄浴1次后，间隔3~4周再进行1次，对防治趾间蹄叶炎效果特佳。以上药物也可以采用局部喷洒，效果也很好。

（四）加强选育

为减少蹄病的发生，育种时必须适当注意选择肢蹄性状，因为这些性状不仅能遗传且与肢蹄障碍有较高的遗传相关。研究结果证明，对蹄的背部长度、斜长、蹄踵长及四肢位置同时进行选择效果最佳。此外，在使用公牛时必须注意对蹄质的影响。

（五）加强运动场管理

保持运动场平整、干燥、清洁，夏季注意排水、粪污清理。

运动场与蹄病的直接关系如下。

（1）天然运动场—要排水设施好，蹄病很少发生。

（2）三合土（黄土、沙子、白灰）运动场—缺点：一旦被蹄粘下后，就粘得很牢固，很易形成蹄冠炎。

（3）水泥地面—缺点：光滑面易摔跤，麻面对蹄壳磨损太快，长期卧地，会使跗关节脓肿。

（4）运动场采用红砖立码的方式铺垫，这种运动场的缺点是突出部分很容易造成蹄肢损伤，引发蹄肢病，应定期铺垫清洁干燥的垫料。

第十二章　奶牛场的经营管理

经营管理是奶牛生产的重要组成部分。经营是奶牛场根据市场及内、外环境和条件，合理地确定奶牛场的生产方向和经营目标；合理组织奶牛场的产、供、销活动，以求用最少的人、才、物消耗获取最多的产出和最大的经济效益。管理是根据奶牛场经营的总目标，将奶牛和人有效地结合起来，对牛场生产的总过程进行计划、组织、调节、指挥、控制、监督和协调等工作。经营确定管理的目的，管理是实现经营目标的手段，只有将二者有机地结合起来，才能获得良好效益。效益是奶牛场追求的最终目标，如果奶牛场没有合理的经济效益，无论设备多么先进，奶牛多么高产，环境保护的得多么好都将等于零，没有存在的价值。

一个奶牛场经营管理的好坏，关键在老板（场长），一是他必须要有先进的饲养理念，并要了解奶牛，知道哪些技术指标是需要他关注的，如果不懂，就很难对员工干的好坏做出评价，被员工蒙骗也不会知道；效益不好，也很难从技术角度分析出透彻原因。所以非专业的奶牛老板（场长）更要多参加技术培训，对一些重要技术指标要弄懂弄通。二是要懂得怎样管好人，用好人，因为牛场一切经营管理活动都是通过人来实现的，对人的管理是一个非常复杂的系统工作，必须要懂得通过哪些措施才能管好人、用好人。三是牛场有大小，人员素质有优差，机械化程度有高低，如此等等，牛场老板（场长）对自己场的情况必须了如指掌，并根据自己场的实际情况制定出适合自己牛场的管理模式，切不可把管理理论生搬硬套，否则，难收其效。

在管理上应坚持的指导思想：在管理上要以人为本，从严治场，定岗、定资、定员、定责、定目标，有考核、重监管，要责、权、利相结合，使职工努力有希望，施行择优上岗，建立岗位靠竞争、报酬靠贡献的机制。要做到技术有规范、工作有制度，努力实现规范化、程序化管理。

第一节　奶牛场管理指标

管理指标是制定岗位目标、工作计划等其他各项工作的基础，只有了解各项管理指标及含义，才能更好地开展牛场管理工作。

一、效益指标

（一）牛场效益

牛场效益是指牛场的经营收益，是奶牛生产性能、奶价、饲养费用高低的综合反映。此指标可正可负，盈利为正，亏损为负，它是衡量牛场各项经营管理好坏的最终指标。一个外行牛场老板，即使其他指标都不关注，此指标也必须关注。效益指标有月核算、半年核算、年终核算指标等，牛场必须每月进行一次效益核算，以便及时发现问题，总结经验，调整工作计划和安排。

（二）效益核算

1. 成本核算

牛场成本是指牛场所有的费用支出，主要包括以下几个方面。

（1）固定资产的折旧：土地/牛舍等建筑物/挤奶机、铡草机、收割机、TMR 饲料等设备/奶牛等。

（2）饲料费用：精料/粗料/添加剂等。

（3）劳动力费用：工资/社保等。

（4）维修保养费：房屋/设备/道路等。

（5）运输费：饲料/牛奶等。

（6）管理费：办公/招待/培训/车辆/待摊费等。

（7）贷款利息：水费电费；防疫检疫费；配种疾病治疗费；档案记录及检测化验费；其他费用。

2. 收益核算

牛场收益是指牛场所有的经济收入，主要包括：出售鲜奶款，出售犊公牛，淘汰奶牛，出售牛粪，出售育成牛/青年牛/成年牛、当年出生没有出售的牛等。

3. 效益核算

奶牛场的效益 = 奶牛场的收入 − 奶牛场的成本。

（三）效益差重点从下面因素分析原因

1. 奶牛生产水平差，低于当地牛场平均产奶水平

一是品种差，由于牛场配种人员不懂得如何进行选种选配，造成牛场长期改良效果不明显，产奶生产性能较差。二是饲养管理不到位。奶牛长期吃的是非均衡营养饲料，甚至饲喂发霉青贮，奶牛福利得不到有效保障，造成奶牛健康状况较差，生产性能不能充分发挥。在牛场喂发霉青贮的情况经常遇到。

2. 牛场经营管理差

一是管理者缺乏正确的经营理念；二是管理不到位，经营成本高。如用工浪费，饲料成本高等；三是招工不经培训直接上岗，人员素质差；四是设备落后，对如何提高工作效率缺乏考虑。如：奶杯自动脱落、自动计量、乳房炎检测挤奶设备，虽然花钱多，但可大大降低乳房炎的发病率，减少用工；有没有必要做这样的投入，需要根据牛场规模、乳房炎发病情况、要不要贷款等进行细致的投入产出比核算。

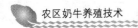

二、理想生产管理指标（表 12 – 1）

表 12 – 1　生产管理指标

管理指标	理想水平	异常水平	指标的含义
牛场每日产奶量	平稳增减	锐减	该指标是评价牛场每日产奶水平的指标。如果没有产奶牛的快速增减，牛场每日产奶量只能平稳增减，如果出现单日产奶量锐减，说明有问题，需及时查明原因。主要查水的供给和大面积生病情况
*产奶牛每年平均产奶量 kg	>7 000	<5 500	该指标是评价牛场单产水平的指标。目前，我国规模化奶牛场好的平均生产水平达到了9t 以上，年平均单产 7t 已占有相当比例。年单产 5.5t 的牛，每日平均产奶只有 18kg，在饲养成本不断增加的今天，低于这个生产水平的牛就要逐渐进行淘汰，牛场需重点加强育种工作
*牛群结构% 成年母牛	60 ~ 65	超出范围	该指标是评价牛场牛群结构是否合理的指标。牛群结构是此消彼长的平衡比例关系，所以不能超出正常的范围。如成母牛比例过高，说明后备牛不足，可能是母牛繁殖、犊牛死亡方面有问题。总之，超出正常比例范围，有问题存在，需具体分析原因
*牛群结构% 后备母牛	35 ~ 40		
成年牛药费 元/头	<100	>150	该指标是评价牛群每年药费高低的指标。诊疗费高于异常值，说明奶牛整群健康状况较差，需进一步查明原因，拿出相应对策
犊牛药费 元/头	<150	>200	
犊牛死亡率 %	<3	>5	该指标是评价牛场每年犊牛、成牛死亡情况的指标。高于异常值，就要查明原因，采取对策
成母牛死亡率%	<2	>3	
*年淘汰率%	<25	>30	该指标是评价牛场每年奶牛淘汰情况的指标。淘汰率高于 30%，多是被动因素造成，说明牛群健康状况差，疫病发病率高，管理不到位，需查明具体原因，采取相应对策

（续表）

管理指标	理想水平	异常水平	指标的含义
乳蛋白率%	>3.0	<3	该指标是评价牛奶乳蛋白高低的指标。小于3%，第一是瘤胃中菌群失调，造成蛋白合成不足；第二是饲料中蛋白不足，主要是可利用蛋白不足；第三是饲料能量不足，但这种情况出现的几率不大，因现在多在精料中添加高能量脂肪
乳脂率%	>3.5	<3	该指标是评价牛奶乳脂高低的指标。小于3%，原因主要是粗饲料采食量不足，一旦出现可能伴随有酸中毒和蹄叶炎。小于3%的情况实际当中极为少见
脂蛋白比	1.1~1.3	超出范围	该指标是评价饲料营养是否平衡的指标。大于1.3，可能是日粮中脂肪偏高或日粮中蛋白和非降解蛋白不足；小于1.1，可能是日粮中谷物精料太多，或者日粮中缺乏有效纤维素
*体细胞数 万/ml	<20	>50	该指标是评价奶牛乳房健康状况的指标。体细胞20万/ml以内一般认为没有乳房炎，20万/ml以上或多或少已有亚临床性乳房炎，开始有少量奶损失；50万/ml以上，有亚临床性乳房炎存在，需要检查治疗，乳区感染率16%，奶产量损失率6%；100万/ml以上，亚临床性乳房炎严重流行，乳区感染率32%，奶产量损失18%
总细菌数 万/ml	<30	>50	该指标是评价奶质细菌情况的指标。现在，管道式挤奶设备，只要按操作规程操作，细菌指标常年能控制在30万/ml以内，多数能控制在20万/ml以内；细菌指标高于50万/ml，就要查找原因，一是检查挤奶设备系统、运输奶罐是否清洗干净；二是检查冷藏系统是否出现问题；三是检查挤奶时乳房是否清洗不净
*乳房炎的 发病率%	<10	>20	该指标是评价奶牛乳房炎发病概率情况的指标。发病率高于20%的牛场，乳房炎发病情况已比较严重，必须查明发病原因，并作出处理

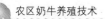

三、繁殖性能指标（表 12 - 2）

表 12 - 2　繁殖性能指标

繁殖性能指标	理想水平	异常水平	指标的含义
初情期（月）	12	>15	该指标是评价后备牛发育是否正常的指标。15 个月后才开始发情，不管是发育问题还是饲养问题，都必须对奶牛进行全面检查，做出相应处理
*后备牛适配月龄	15	>18	后备牛到 15 月龄，体重必须达到 350kg 以上才可配种，否则不能配。18 个月以上才开始配种，一是影响奶牛使用寿命；二是造成效益下降
*平均产犊间隔天数	380～395	>420	该指标是评价、衡量经产奶牛繁殖水平及管理工作是否到位的重要指标，它是对发情率、准胎率等繁殖指标的综合表达，观察此指标可间接了解其他一些指标的情况。理论上一年产一犊，但实际当中几乎做不到，正常值只是目前的理想水平，高于正常值多少天就等于白养多少天，所以正常值以上的牛都有提升的空间
*奶牛可利用产犊胎次	>4.5	<3	该指标是指奶牛一生的平均产犊胎次，它是评价奶牛使用寿命的指标。目前很多牛场产犊胎次在 3 胎以下，说明整体水平还很差
产后首次发情平均天数	<40	>60	该指标是评价奶牛产后繁殖能力恢复情况的指标。理论上产后 21 天发情，但奶牛产后身体总有一个恢复的过程，一般要在 21 天后才陆续发情，40 天内比较正常；产后第一次发情不配种，如果首次发情平均超过 60 天，将使产犊间隔高于正常值
产后 60 天内首次发情的牛%	>90	<90	该指标也是评价奶牛产后繁殖能力恢复情况的指标，它是通过百分比的形式对整个经产牛群发情状况做出评价。它与产后首次发情平均天数具有相通性。低于 90%，就要查证原因
*产后首次配种平均天数	45～60	>60	该指标是评价奶牛产后配种情况的指标。大于 60 天，说明牛群正常发情天数内发情牛较少，即多数奶牛身体恢复不理想或繁殖疾病较多

（续表）

繁殖性能指标	理想水平	异常水平	指标的含义
怀孕所需的配种次数	1.7	>2.5	该指标是评价配种员水平的指标。配种次数多，其结果是准胎率低，空怀期长，进而影响产犊间隔
后备牛首次配种准胎率%	>65	<60	该指标也是评价配种员水平的指标。低于60%，可能一：配种员水平低；二：牛群繁殖疾病较多
*成母牛第一次配种受胎率%	>60	<50	该指标也是评价配种员水平及奶牛繁殖健康状况的指标
配种间隔18~24天的牛%	>85	<85	该指标是评价牛场奶牛发情是否正常的指标
平均空怀天数	95~110	>130	该指标是评价奶牛繁殖健康状况、配种员水平的指标。空怀天数长，直接造成产犊间隔长
干奶期	45~60	<45，>70	该指标是评价奶牛场干奶期是否合理的指标，过长、过短将造成生产性能的下降
*首次产犊平均月龄	24	<24，>28	该指标是评价奶牛场奶牛首次产犊时间是否合理的指标，过高过低都将对生产造成不利影响
流产率%	<5	>10	该指标是评价奶牛繁殖健康状况的指标
*因繁殖问题淘汰率%	<10	>10	该指标是评价奶牛繁殖健康状况、配种员及兽医工作能力的指标

四、理想后备牛发育指标（表12-3）

表12-3　理想后备牛发育指标

管理指标	理想水平	异常水平
出生重（kg）	35~40	<30
日增重（g）	700~800	<600
2~14月龄体高增速（cm/月）	3	<3
14~24月龄体高增速（cm/月）	1	<1
6月龄胸围（cm）	128	<123
15月龄胸围（cm）	170	<165
24月龄胸围（cm）	190	<185
*15月龄适配体重（kg）	>350	<330

注：奶牛场需要关注的技术指标很多，但对标注 * 的指标要重点关注

第二节　岗位目标与绩效考核

一、岗位目标管理

岗位目标管理是根据牛场实际，在充分考虑牛场规模、生产水平、人员素质、机械化程度等因素的基础上，设定相应岗位及目标，对人进行量化管理。

（一）岗位的设定及职责

1. 岗位设定坚持的原则

以人为本，精简用工设计，简化组织关系，因事设岗，因量设人，责任到人，分工明确，责任分明，择优上岗，不窝工，有监管。总之在保证工作圆满完成的情况下，用工越少越好。

2. 岗位的设定及职责

（1）场长。根据奶牛场规模等具体情况还可设置副场长或场长助理。

主要负责全场各岗位的设定、任免、调动、升级，奖惩等。制定各部门管理制度、办法及生产计划等，并检查、监督其执行情况，对出现的问题及时制止纠正。负责拟定全场各项物资（饲料、兽药、生鲜乳等）的采购调拨计划，并检查其使用情况。贯彻落实好生鲜乳管理条例、动物卫生防疫法、畜牧法等有关规定要求，搞好防疫、做好档案、抓好生鲜乳质量安全。对生产情况要经常研究分析，发现问题，及时解决。组织奶牛场职工进行技术培训和科学试验工作。执行劳动部各种法规，合理安排职工上岗、生活安排等。做好员工思想政治工作、关心员工的疾苦，使员工情绪饱满地投入工作。提高警惕，做好防盗、防火工作。

（2）饲养技术员。如果场长具备很高的技术水平，又有能力将此职位负责的工作抓起来的话，此职位可以不设，否则必须要设。

负责全场的饲养技术工作，主要是各项计划、技术规程、饲料配方的设计、养殖档案以及各种技术数据的记录、汇总、分析等，对存在的饲养技术问题要及时向场长汇报并加以解决，对饲养员、配料工要做好技术指导工作。

（3）人工授精员。根据牛场规模可设一人或多人不等。

主要负责选种选配计划、配种繁殖计划的制订，负责做好发情鉴定、人工授精、妊娠诊断、不孕症的防治及进出产房的管理工作，认真做好发情、配种、妊娠、流产、产犊等各项记录，填写繁殖卡片等，对各项配种繁殖数据要定期做出分析报告，并对存在的问题做出及时处理。管理好冻精，懂得冻精存取知识，严防因液氮短缺造成冻精损失。

（4）兽医。对一些规模较小的牛场，兽医可由人工输精员兼任。

主要负责牛群卫生保健、疾病监控和治疗，重点对乳房炎、不孕症、蹄叶病等做好防治工作，贯彻防疫制度，做好牛群的定期检（免）疫工作，免疫要做好记录，包括免疫日期、疫苗种类、免疫方式、剂量，免疫人姓名等工作，并存入档案。遵守国家的有关规定，不得使用任何明文规定禁用药品；将使用的药品名称、种类、使用时间、剂量、给药方式等填入监管手册。建立每天现场检查牛群健康的制度。制定药品和器械购置计划。配合饲养技术人员共同搞好饲养管理，预防疾病发生。每天对进出场的人员、车辆进行消毒检查，监督并做好每星期一下午牛场的一次大消毒工作。对购进、销售活牛进行监卸监装，负责隔离观察进出场牛的健康状况、驱虫、加施耳牌号，填写活牛健康卡。

（5）饲养员与配料员。饲养员与配料员可单设，也可合并设，主要根据机械化程度、牛场规模、人员素质来定。

主要任务是按照技术人员提供的配方搞好饲料的调制；保证

不使用发霉变质饲料原料，对饲料原料有质量异常的要及时报告给直管负责人，要保证饲料清洁、卫生，严禁饲料中混入铁钉等锐利异物和被有毒物质污染。饲养员按照饲养规程、管理制度做好对奶牛护理工作，发现奶牛有异常及时报告给兽医。对负责的牛舍要搞好牛舍粪污清理工作，要确保牛舍清洁干净、卫生。较大的牛场有的单设粪污清洁工。

（6）仓库管理员。仓库管理员还可分为饲料管理员、兽药管理员、后勤管理员等，大的牛场这些岗位可单独设立，中小规模牛场可合并设立由同一人担任。也有的牛场把饲养员和饲料管理员、兽医和兽药管理员合并设置，分别由同一人担任。总之这些岗位的设定都要视具体情况而定。

主要责任是对饲料、兽药、机械设备等进行出入库登记管理，做好仓库内物品保管，防止丢失，严防饲料发霉变质及其他物品的损坏，物料摆放要整齐、干净，要便于存取，严防火灾。饲料、兽药消耗到预警数量要及时向场长报告，以便及时补充库存。

（7）挤奶工。根据牛场规模挤奶工一般都要设置多人，并要设置正负班长，正班长不在，副班长要代理班长做好奶厅管理工作。

主要按照挤奶规程和制度做好每天2~3遍挤奶工作，正负班长要监督其他挤奶工按规定要求进行挤奶，防止因操作不当造成乳房炎的发生。按保养及使用手册对挤奶设备进行每次、每日及阶段性的保养维护并做好记录，保障设备运转。控制牛奶质量，如：微生物、体细胞等。严格监控清洗流程、数次及清洗液配比深度，严防用量过少或过多现象。统计每日奶量保证原奶及时运出，作好奶厅内毛巾、化学品、低值易耗品、备件等统计工作。安排好相关人员对奶厅内纸版、电子版等文档的保管和记录。

（8）数据统计员。数据统计是一项非常重要的工作，他是把牛场管理数据进行记录、汇总、分析，根据分析结果，场长对工作、计划做出指导、调整、安排。数据是搞好牛场管理的依据。有助理的，此职位可由场长助理兼任，没有的要进行单设。此职位要求责任人工作严谨、认真、时间观念强，工作不能拖拉。

负责对牛场管理数据进行统计、汇总、分析，统计结果要及时反馈给场长。

（9）会计与出纳。会计和出纳要各设一人，出纳负责现金，会计负责结算

主要负责牛场财务管理，要严格按财务管理制度办事，做到日清月结。结账时要做到两个相符，即每日牛场产奶量要与乳企返回的交奶数量相符；进料数量与库存、消耗量相符。每月要有财务分析。

（二）岗位目标

岗位目标就是对岗位责任的进一步细化，它是根据牛场实际情况，针对每个具体岗位设置的量化工作指标，是监督每个岗位工作好坏的具体依据。

1. 制定岗位目标坚持的原则

坚持"能量化、不模糊，有难度、可完成，能认可、自觉做"十八字方针。也就是说指标尽可能做到量化，不要用模糊的语言去描述，以便于考核；制定出的指标一般要高于目前牛场水平，在完成上要有一定难度，但经过努力可以完成；另外岗位目标的设定要做到人性化，征得责任人同意，认可此指标，只有如此责任人才能心甘情愿、高高兴兴、自觉的努力去工作，才能确保目标完成。

2. 岗位目标设定

（1）设定岗位目标的目的。目的在于使牛场管理更加精细，

职工责任更加明确，为考核奠定基础。

（2）岗位目标的设定。一是依据理想技术指标。技术指标能否达到理想水平是衡量牛场技术管理水平高低的依据，岗位指标要参考理想技术指标来定。

二是依据牛场目前生产水平。如果牛场目前生产水平很低，要想一下就把指标定到理想指标水平上，这一是短时间内不容易做到，二是岗位责任人也不会同意。定指标要循序渐进，逐渐提高，既要比现有水平有较大提高，还要让责任人有能力达到。目标是牛场短期希望实现的结果，但并不是理想结果。

三是依据职工的素质。要根据岗位责任人的能力所及来制定目标。

四是依据岗位及职责。要把岗位目标与职责相对应，不要把不属于本岗位的责任指标放到该岗位上，这会造成指标不清、责任不明，容易发生扯皮现象。

（3）岗位目标的落实。

目标制定出来，必须要落实到相应岗位的具体责任人身上，如果责任人不对目标提出异议，就等于该职工承担了该责任目标，也就等于对牛场做出了完成任务承诺。

（三）岗位及目标设定注意事项

（1）岗位设定要有计划，要根据牛场的规模、员工素质、工作量的大小等本场具体情况来设定岗位及人员的多少，不要盲目随机设置，更不能拍脑门，不能盲目增人招人。

（2）岗位要因岗招人，因岗用人，不能把与岗位不相应的人随便安排。

（3）岗位及目标设定要责任分明，最好不要有交叉，防止扯皮。

（4）岗位设人要按满负荷的要求设置人的多少，也就是我们常说的不能窝工。

二、绩效考核管理

考核是牛场对每个员工岗位目标完成情况的监管，是确保各项目标圆满完成的重要保障。绩效是对工作干得好坏、目标完成与否的一种货币表达方式，是对考核结果的兑现，是调动职工积极性的重要举措；工资多少是岗位目标管理与考核绩效管理的最终表达方式或实际表达方式。

（一）制定绩效考核管理办法

为了便于考核，必须首先制定出《绩效考核管理办法》，办法要有目标、有完成要求、有奖罚办法，并对多长时间进行一次考核作出规定。目的在于为如何考核、怎样考核、考核什么、考核完怎么办提供依据。在奖罚管理办法的制定上需要注意的问题是："要重奖励、轻惩罚"，之所以这样做，一是因为在与其他行业劳动力市场的竞争上处于弱势地位，劳动者素质相对较差；二是奶牛是活物，破坏和报复成本高并且不易监控。

（二）考核管理

设立组织：一般有组长，有组员；组长一般由场长担任，另设 1~2 名组员；考核小组人员要求的标准：责任心强，为人正直，工作认真，有爱岗敬业精神，并有一定专业知识。

按考核管理办法的要求对各岗位进行考核，考核要做到公正、公开、透明。

对考核情况进行评估后，公布考核结果。

（三）绩效管理

绩效可以简单理解为是根据考核发放的工资，工资一般设固定工资和浮动工资，浮动工资才是具体的考核绩效工资，实发工资最终要等到考核完成后确定。

1. 固定工资

（1）分项设置。主要包括全勤奖 + 基本工资 + 岗位工资 +

学历工资＋工龄工资＋考试工资＋餐补

全勤奖：工作日一天不休为全勤，主要为了鼓励职工不请假，以防给正常工作带来麻烦。

基本工资：就是基本生活工资，是工作期间的最低工资保证，其高低主要看当地的生活水平和工资水平。

岗位工资：根据不同岗位工作性质、工作量的不同及工作难易，对不同的工作岗位设置不同的工资；根据熟练程度再设一、二、三级工，每级之间再设一定工资差额。

学历工资：根据大学、大专、中专学历高低设置一定工资差异，主要为留住人才；有的牛场不设此项工资，考虑的是不看学历而是能力，学历工资主要在岗位工资中体现。

工龄工资：设置的目的主要是为了稳定职工队伍，想法留住有工作经验和能力的职工；由于畜牧行业工作环境差、地理位置偏僻，在劳动力市场没有竞争力，因此多数牛场都存在招人难、留人更难的问题，所以工龄工资每年增加的额度对员工要具有吸引力，设置工龄工资主要是为了增加留住人的筹码。

考试工资：考试工资一般在大场才能有。主要目的是督促各岗位职工，加强学习，不断提高专业技能，考试过关的加级加薪，不过关的减级减薪。考试分月考、季考、年考；作为固定工资的加减薪额度一般 50～100 元不等；作为一次性奖励的考试也有，金额有大有小，主要看出于什么目的。

餐补：由于职工离家较远或住场，长期在场吃饭，牛场都给一定的餐饮补助；有的牛场是吃饭免费。

（2）统一设置。固定工资不进行分项设置，招工时就谈每月工资多少，只要双方认可就行，简单明了。

2. 浮动工资

本月考核＋本月加班。

本月考核：根据绩效考核管理办法对目标完成情况进行考

核，兑现奖惩。

本月加班：加班工资往往不按国家规定执行，一般是牛场规定或通过协商完成。

第三节　制度管理

对奶牛场施行制度管理，是每个奶牛场几乎都在采用的管理方式。管理制度是对相对管理人的行为规范，它是责任落实、目标实现的措施保障。目前牛场制定的技术规范、操作规程、工作管理制度等都属管理制度的范畴。

一、制定管理制度应坚持的原则

以规范相对管理人为目的，以增产增效为核心，以促进责任目标落实、行为规范为重点，要力求全面，务求实效，制定科学，贯彻严格。

二、管理制度

为了更好地管好牛场，每个环节都应制定相应的管理制度。

（一）门卫管理制度

（1）严禁闲杂人员入场，公物出场要有手续，出入车辆必须检查，未经养殖场负责人批准或陪同，谢绝一切对外参观。

（2）严禁非工作人员在门房逗留、聊天，严禁其他家禽、家畜等动物进入场区。

（3）搞好门口的内外卫生及防疫消毒工作。非生产车辆严禁进入场区，确需进入的必须严格消毒。

（4）认真负责，坚守岗位，不迟到早退，接班后不擅离工作岗位，夜班不得高枕无忧睡大觉，要不定时察看责任区全部财产，因工作不负责任，丢失损坏财物，照价赔偿，损失重大的，解除劳动合同。

（二）职工管理守则

（1）严格遵守奶牛场内部各项规章制度，坚守岗位，尽责尽职，积极完成本职工作。

（2）服从领导，听从指挥，严格执行作息时间，做好出勤登记。

（3）认真执行生产技术操作规程，做好交接班手续。

（4）上班时间必须穿工作服，严禁喧哗打闹，不擅离职守。

（5）严禁在养殖区吸烟及明火作业，安全文明生产，爱护牛只，爱护公物。

（6）遵纪守法，艰苦奋斗，增收节支，努力提高经济效益。

（7）树立集体主义观念，积极为奶牛场的发展和振兴献计献策。

（三）财务制度

（1）严格遵守国家规定的财经制度，树立核算观念，建立核算制度，各生产单位、基层班组都要实行经济核算。

（2）建立物资、产品进出、验收、保管、领发等制度。

（3）年初年终向职代会公布全场财务预、决算，每季度汇报生产财务执行情况；财务收支要做到日清月结。

（4）做好各项统计工作。

（四）生产技术管理制度

（1）严格的计划性生产，制订牛群选留更新、育种选配、后备牛培育、劳动生产率及经济效益的提高、新技术的应用推广等现实的工作计划和长远发展计划。

（2）饲料是奶牛生产的物质基础，保证饲料生产和供应的稳定性。加强饲料管理，一般精饲料不少于一个月的贮备量，粗饲料应有全年的计划安排。

（3）奶牛场周边应设固定的防疫圈，门前消毒池不能缺消毒液，未经许可不得随意入场。

（4）凡工作人员，上班时必须身着工作服，不得携带铁钉、针、头卡等金属物品进入生产区。

（5）器具定期消毒、工作服随时清洗。用后放置固定地点，下班后不得穿（带）出场。

（6）一切发霉变质饲料不得喂牛，凡购入饲料要作认真检查，了解其来源、品质、特性、营养价值及市场价格。

（7）严格交接班制度，特别是公休开会等因故离场，要做好交接班工作。

（8）保持环境卫生、安静。工作时间不得大声喧哗、嬉戏。

（9）爱护牛只，不得棒打、恫吓。

（10）运动场保持平坦、无杂物、经常平垫，不得有深坑、污泥、积水、杂物，作好排水设施。

（11）牛舍应明亮、通风、防寒、防暑、防贼风，舍内温度应控制在 0~28℃，并做好防灭蚊蝇工作。

（12）奶牛生产的从业人员，每年都要定期进行健康检查，患有人畜共患病者，应及时调换工作。

（13）坚持刷拭牛体，保持圈面及周围环境卫生，注意观察奶牛的精神、食欲、二便等情况，发现异常及时报告兽医，配合技术人员做好检疫、配种、称重、体测及疾病治疗护理工作。

（14）坚持每班次清理舍内牛槽，经常清理补饲槽，确保舍内牛槽清洁卫生、无杂物。

（15）牛粪必须按指定地点堆放整洁，不得乱倒。

（五）卫生防疫制度

（1）牛群保健贯彻以防为主、防重于治的方针，防止疾病的传入或发生，控制动物传染病和寄生虫病的传播；职工进入生产区要穿戴工作服，经过消毒间洗手消毒后方可入场；非生产人员不得进入生产区。

（2）发现疫病，严格按照兽医防疫规定，认真执行消毒、隔离、封锁、毁尸、上报等规定。

（3）场内不得任意解剖死畜，需要剖检应征得防疫部门同意，在指定地点进行，并做好剖前、剖后的消毒工作。

（4）凡新购入牛只必须具备完善的防疫卫生卡片，并隔离观察 20～30 天，无病方能合群饲养。

（5）场地每季度、牛舍每月进行一次大消毒，所用消毒剂应选择国家批准的对人、奶牛和环境安全没有危害以及在牛体内不产生有害积累的消毒剂。消毒方法可采用喷雾消毒、浸液消毒、紫外线消毒、喷洒消毒、热水消毒等。消毒范围包括养殖环境、牛舍、用具、外来人员、生产环节（挤奶、助产、配种、注射治疗及任何与奶牛进行接触）的器具和人员等。

（6）要根据《中华人民共和国动物防疫法》及其配套法规的要求，结合当地实际情况，对强制免疫病种和有选择的疫病进行定期预防接种，疫苗、免疫程序和免疫方法必须经国家兽医行政主管部门批准。

（7）奶牛场不得饲养其他畜禽，特殊情况需要养狗，应加强管理，并实施防疫和驱虫处理，禁止将畜禽及其产品带入场区。

（8）定点堆放牛粪，定期喷洒杀虫剂，防止蚊蝇孳生；污水、粪尿、死亡牛只及产品要作无害化处理，并做好器具和环境等的清洁消毒工作。

（9）要按照国家有关规定和当地畜牧兽医主管部门的具体要求，对结核、布鲁氏菌病等动物传染性疾病进行定期检测及净化。

（10）严格按照兽药管理法规、规范和质量标准使用兽药，严格遵守休药期规定；禁止使用国家明文禁用的和未经国家兽医行政管理部门批准的药品、兽药和其他化学物质；禁止使用禁用于泌乳期动物的兽药种类。

（11）建立并保存奶牛的免疫程序记录及患病奶牛的治疗记录和用药记录。预防、治疗奶牛疾病的用药要有兽医处方，并保留备查。

（六）繁殖配种制度（人工授精员责任制度）

（1）配种室经常保持整洁，所有器械在使用前后应进行严格清洗消毒，放置固定地方。

（2）配种室内严禁吸烟；严禁放置有毒、有害、易燃物品以及与配种无关的任何物品。

（3）配种技术人员应详细掌握牛群的发情规律及妊娠情况，应用精液活力、冻精耗用及储备数量等要有完善的记录。并随时作出分析、总结，建立月报制度。

（4）对母牛的发情配种实行饲养员、值班员、配种员三结合，认真观察、及时发现、适时配种。

（5）严格按照选配计划配种，确保不漏配、乱配和错配。

（6）产后母牛应在3个月内配种受孕，每个情期输精1~2次。凡3个情期以上配种未孕牛，应做特殊处理，采取相应措施。

（7）母牛产后45天不见发情，要做认真检查，采取相应措施；配后45~60天不返情的牛只，实施妊娠检查，确认后，进入妊娠牛的饲养管理。

（8）提取精液动作要迅速，提斗不得超过液氮罐的颈基部，解冻液要求38~40℃，全过程要求在15s钟内完成。

（9）输精前要用温水冲洗母牛的外阴部，擦干后进行输精。

（10）精液在输精前后都要进行镜检，精子活力在0.3以上时方可应用，每次输精一粒（管），每个情期不得配入两个公牛的精液。

（11）随取用精液观察保存精液的液氮储存量，其液氮量不得少于储存罐容量的 1/3。

（12）液氮罐应用特制罐架、放置固定地方，并注意防火、防湿、防日晒、防震动、防污染，每半年可清洗消毒一次，发现问题及时采取措施。

（13）建立配种档案，完善配种记录，认真做好个体牛的发情、输精及妊娠情况记录，并制定干乳时间及预产期等管理计划。

（七）饲料生产与加工供应制度

（1）作好饲料的保管、去杂、粉碎、配制和供应工作。

（2）确保饲料质量，杜绝供应发霉变质的饲料。

（3）严格按照技术人员制订的日粮配比方案进行配制，无论是在数量上，还是在质量上，都要做到准确无误。

（4）随时检查饲料的储存和使用情况，杜绝饲料的损失和浪费。

（5）注意防火，料库不能点火、吸烟，严防火灾。

（八）兽药使用制度

（1）加强奶牛饲养管理，采取各种措施减少应激，增强奶牛自身的免疫力，防止奶牛发病和死亡，最大限度地减少化学药品和抗生素的使用。

（2）确需使用治疗用药的，经实验室诊断确诊后再对症下药，兽药的使用应有兽医处方并在兽医的指导下进行。

（3）用于预防、治疗和诊断疾病的兽药应符合《中华人民共和国兽药典》《中华人民共和国兽药规范》《中华人民共和国兽用生物制品质量标准》《兽药质量标准》《进口兽药质量标准》和《饲料药物添加剂使用规范》的相关规定。

（4）所用兽药应来自具有《兽药生产许可证》和产品批准文号的生产企业或者具有《进口兽药许可证》的供应商。所用兽药的标签应符合《兽药标签和说明书管理办法》的规定。

（5）在允许使用的抗菌药、抗寄生虫药和生殖激素类药时应注意：严格遵守规定的给药途径、使用剂量、疗程和注意事项；严格遵守规定的休药期。

（6）使用过氧乙酸 A、B 液、强力消毒灵等消毒防腐剂对饲养环境、圈舍和器具进行消毒，但不使用酚类消毒剂。

（7）禁止使用有致畸、致癌和致突变作用的兽药。

（8）奶牛建立病历，并且保存好奶牛免疫程序记录，患病奶牛的畜号、发病时间及症状、治疗用药的经过、治疗时间、疗程、所用药物商品名称及有效成分。

（九）奶厅管理制度

（1）必须定期进行身体检查，获得县级以上医疗机构出具的健康证明。

（2）要保证个人卫生，勤洗手、勤剪指甲、不涂抹化妆品、不佩戴饰物。

（3）手部刀伤和其他开放性外伤，未愈前不能挤奶。

（4）挤奶操作时，要穿工作服和工作鞋，戴工作帽。

（5）每次挤奶前应用清水对挤奶及贮运设备进行冲洗。

（6）挤奶要严格按操作规程操作；挤奶前要对奶牛进行健康检查，观察或触摸乳房外表是否有红、肿、热、痛症状或创伤。

（7）对乳头进行预药浴，选用专用的乳头药浴液，药液作用时间要保持在 30s 以上。如果乳房污染特别严重，可先用含消毒水的温水清洗干净，再药浴乳头。

（8）挤奶前用毛巾或纸巾将乳头擦干，保证一头牛一条毛巾。

（9）将头 2~3 把奶挤到专用容器中，检查牛奶是否有凝块、絮状物或水样，正常的牛可上机挤奶；异常时应及时报告兽医进行治疗并单独挤奶。严禁将异常奶混入正常牛奶中。

（10）挤奶准备工作结束后，及时套上挤奶杯组。奶牛从进入挤奶厅到套上奶杯的时间应控制在 90s 以内，保证最大的奶流速度和产奶量，还要尽量避免空气进入杯组中。挤奶过程中观察真空稳定情况和挤奶杯组奶流情况，适当调整奶杯组的位置。非自动脱落的挤奶设备，排乳接近结束，先关闭真空，再移走挤奶杯组，严禁下压挤奶机，避免过度挤奶。

（11）挤奶结束后，要迅速进行乳头药浴，停留时间为 3 ~ 5s。

（12）药浴液应在挤奶前现用现配，保证有效的药液浓度。每班药浴杯使用完毕要清洗干净。奶牛产犊后 7 天以内的初乳要饲喂新生犊牛或者单独贮存处理，不能混入商品奶中。应用抗生素治疗的牛只要单独挤奶，挤出的奶放置容器中单独处理。

（13）挤奶厅要随时清洗消毒。地面冲洗用水不能使用循环水，必须使用清洁水，并保持一定的压力。

（14）贮奶间只能用于冷却和贮存生鲜牛乳，不得堆放任何化学物品和杂物；禁止吸烟；贮奶间的门应保持经常性关闭状态，防止昆虫进入。

（15）贮奶罐外部要保持清洁、干净，没有灰尘；贮奶罐的盖子应保持关闭状态；不得向罐中加入任何物质；交完奶后要及时清洗贮奶罐并将罐内的水排净。

（16）将每月产奶量准确汇总并及时上报给统计员或会计。

（17）无机械性损伤乳房炎，按工时及时更换奶衬等橡胶件。

（18）将产奶记录存档，随时备查。

三、制定管理制度注意事项

要因场而宜、因事而异，不可照搬硬套；300 头的牛场和 2 000 头的牛场比，大场的人员、岗位肯定比小牛场多，需要制

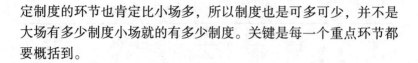

定制度的环节也肯定比小场多，所以制度也是可多可少，并不是大场有多少制度小场就的有多少制度。关键是每一个重点环节都要概括到。

第四节 生产计划管理

生产计划管理是奶牛场的重要管理内容，但受技术水平的限制，很多中小型奶牛场都难以做出各项生产计划。常用的生产计划有：牛群周转计划、饲料计划、繁殖计划、和产奶计划等。

一、牛群合理结构及全年周转计划

牛群周转计划是奶牛场生产的主要计划之一，是指导全年生产，编制各项计划的重要依据。制定牛群周转计划时，首先应规定发展头数，然后安排各类牛的比例，通过淘汰与更新手段，使牛群结构逐渐趋于合理，从而达到提高奶牛场经济效益的目的。

牛群结构及全年周转计划必须根据发展规划，并结合牛群实际进行编制和调整。

牛群全年周转计划，通常包括以下各项内容（表12-4）。

成母牛指第一次分娩以后的母牛；初孕牛指首次配种受孕至产犊以前的母牛；育成母牛指断乳后至配种怀孕以前的母牛；犊母牛指初生至断乳以前的母犊牛。

一般情况下，成母牛在牛群中占的比例较大（60%）。过高或过低，均会影响牛场的经济效益。但发展中的奶牛场，成乳奶牛和后备牛的比例暂时失调也是允许的。

表 12 - 4 ＿＿＿＿＿＿年牛群周转计划表

牛群种类	上年12月31日在群牛头数	增加（头数）				减少（头数）					本年年终在群头数	年平均牛头数
		出生	调入	购入	转入	调入	转出	淘汰	出售	其他		
成母牛 初孕牛 育成母牛 犊母牛 犊公牛												
合计												

为了是牛群能逐年更新而不中断，成母牛中年龄胎次应有合适的比例（即指母牛全群年龄结构率(%) = 不同年龄母牛数 ÷ 全群母牛数 ×100%）。在一般情况下，1 胎或 2 胎母牛占成母牛群总数的 35%~40%，3~5 胎母牛占 40%，6 胎以上占 20%。牛群平均胎次为 3.2~3.8 次（年末成母牛总胎次 ÷ 年末成母牛总头数）。老龄牛应逐级淘汰，以保持牛群高产、稳产。

编制全年周转计划，必须提出牛群增、减的措施。为保证牛乳的均衡生产，成母牛中：泌乳牛 80% 左右，干乳牛 20% 左右。

编制全年周转计划，一般先是将各龄牛的年初数填入上表的上年 12 月 31 日在群牛头数横栏中，然后根据牛群成母牛的全年繁殖率进行填写，并应考虑到当年可能发生的情况。初生牛犊的增加，犊母牛、育成母牛、初孕牛的转群，一般要根据全年中犊牛、育成牛的成活率及成年母牛、初孕牛的死亡率等情况为依据，进行填写。调入和购入的乳牛头数要根据乳牛场落实的计划进行填写。

各类牛减少栏内，对淘汰和出售乳牛必须经过详细调查和分析之后进行填写。淘汰和出售牛头数，一定要根据牛群发展和改良规划，对老、弱、病（包括不孕牛）、残牛及低产牛及时淘汰，以保证牛群不断更新，提高产乳量，降低成本，增加盈利。

公犊一般做淘汰或育肥用。

二、饲料计划

饲料是奶牛场一项最大的支出，占生产总成本的 60%～70%，成本的高低直接影响乳牛场的经济效益。为了确保饲料及时供应，提高资金周转率，奶牛场应按饲养年度制定确实可行的饲料计划，尤其是青贮种植、收购计划，这是保证牛场饲料供应的关键。

（一）饲料品种计划

做计划时首先要明确使用哪些饲料品种，因为不同的饲料品种价格不同，使用时也会造成饲养成本的不同。制作饲料配方要在保证奶牛营养需求的前提下，把各品种合理搭配，搞好成本核算及投入产出核算。青贮是否全株玉米青贮，干草是用苜蓿、羊草、还是燕麦，精料是否用膨化大豆、豆粕、棉籽、膨化玉米这些高价原料等，这些都要做到心中有数，并提前理顺好采购渠道，做好采购准备。

（二）饲料数量计划

1. 粗略估算方法

这是目前中小型牛场比较常用的方法，就是干草和精料不做估算，即用即买；最终只对青贮进行估算，一般大小牛都算，平均按 8t 左右计算，基本能满足整个牛场需求。如果是高产牛群可适当调高贮量。如果是全株青贮玉米，养一头牛需种 2.5～3 亩，全株玉米每亩产量 3～4t。青贮储量要就高不就低，宁可多储，不能少储，因为青贮有耐储存的特点，储多了也只是压些资金，不会造成大的浪费，但千万不能让青贮接不上，如果到处去采购青贮会很不划算。

比较精确点的估算方法

（1）根据牛群周转计划的各类牛群饲养头数及各类牛群饲

料定额等资料（多数牛场是按经验量），来计算全年牛场饲料消耗量，然后根据本场饲料自给程度和来源，按当地单位土地面积的饲草产量即可安排饲料种植计划和收购、供应计划。

（2）根据奶牛对饲料干物质（DM）需求量来计算牛场全年饲料需求量。计算依据：

①牛群周转计划的各类牛群饲养头数；

②一般按牛体重的3%~3.5%计算牛所需要的干物质；

③精粗比按40：60计算，粗饲料按干物质20%计算；

④考虑到饲喂过程中的饲料损耗需增加10%~15%储备

奶牛干物质需要量＝（成母牛数×平均体重＋初孕牛×平均体重＋育成母牛×平均体重＋犊母牛×平均体重）×3%

奶牛粗饲料需要量＝奶牛干物质需要量×60%÷0.2＋奶牛干物质需要量×60%÷0.2×10%

三、繁殖计划

做好繁殖计划是奶牛场的重要工作，直接关系到奶牛场的经济效益和未来发展。

（一）确定繁殖指标

最理想的年分娩率应达到100%，产犊间隔为12个月，但这很难做到。所以，要适当放宽。然而每年分娩率也不得过低，最低不应低于：育成母牛95%，经产牛80%，产犊间隔不超过13个月（高产牛例外）。产犊间隔越长，饲料费及其他费用开支越大。所以，屡配不孕牛，应及时淘汰。

（二）查证繁殖记录

要根据母牛繁殖记录，摸清产犊、发情、配种、准胎时间等。对当年达到配种年龄的青年母牛也要摸清，亦便及时参加配种。

（三）编制繁殖计划

在清楚掌握每头牛的基本繁殖情况后，便可对全群奶牛的繁殖状况进行汇总，并编制全年繁殖计划。

四、产奶计划

产奶计划是奶牛场生产的产品指标，是检查生产经营效果的重要依据，制订计划要逐头逐月进行，然后相加，作为全年奶牛群的产乳计划。

先制定个体牛产奶计划，首先要了解每头母牛的年龄与胎次、上胎的产乳量、最近一次配种、受孕日期、预计干乳日期、产犊日期以及饲养条件等。然后根据该头奶牛上胎的产奶量及泌乳曲线，编制其各泌乳月的产奶计划。最后汇总编制全群牛的年度产乳计划。

五、劳动力计划

根据牛场实际情况先做好岗位设置，然后再根据岗位，设置用多少工、用的什么工种、招多少工，如何精简现有人员等。

六、财务预算

（一）支出预算

（1）费用支出。包括饲料费用支出，人员工资支出，其他费用如固定资产折旧、土地租用、招待、水电等支出。

（2）投资支出。购牛、添置和更新设备等。

（二）收入预算

（1）销奶收入。根据产奶计划预算奶的收入。

（2）销牛收入。根据周转计划预算销牛收入。

（3）销粪收入。

（三）效益预算

效益预算＝收入－支出。

第五节　档案管理

养殖档案是奶牛场工作人员在从事免疫、生产、兽药饲料使用、消毒、诊疗、防疫检测、病死畜禽无害化处理等各项活动中形成的具有保存价值的数字记录。它是畜牧法强制执行的一项养殖行为。

一、建立养殖档案的法律依据

《中华人民共和国畜牧法》对档案管理作了比较明确要求和规定。

（一）建立档案的要求

第四十一条规定，畜禽养殖场应当建立养殖档案，并要载明以下内容。

（1）畜禽品种、数量、繁殖记录、标志情况、来源和进出场日期。

（2）饲料、饲料添加剂、兽药等投入品的来源、名称、使用对象、时间和用量。

（3）检疫、免疫、消毒情况。

（4）畜禽发病、死亡和无害化处理情况。

（5）国务院畜牧兽医行政主管部门规定的其他内容。

（二）对没有建立养殖档案的处罚

第六十六条　规定：违反本法第四十一条规定，畜禽养殖场未建立养殖档案的，或未按照规定保存养殖档案的，由县级以上人民政府畜牧兽医行政主管部门责令限期改正，可以处一万元以下罚款。

二、建立养殖档案的意义

建立养殖档案，是把奶牛场生产管理当中真实的数据记录下来，通过对这些数据的统计、分析、总结、研究，使管理者对奶牛场有一个更全面、更系统、更详细、更深入的了解，为奶牛场总结经验，科学决策奠定坚实基础。同时也为政府对重大动物疫病有效防控，依法科学使用饲料、兽药，切实保障畜禽产品质量和安全提供有效监管和追溯依据，所以，档案管理无论对企业还是对政府管理部门而言，都具有十分重要的意义。

三、养殖档案的建立

（一）建档原则

依法建档，科学管理，内容全面，记录真实，安全保管，定点留存。

（二）档案的建立

根据畜牧法，规定建立的档案内容不能少。有些省份建立了统一的档案制式，如河北省制定了14张畜禽统一制式表格，并进行了统一印制，大大方便了养殖场档案的建立。另外也有一些大型奶牛场，根据本场具体情况，在畜牧法规定内容的基础上制定了自己的养殖档案制式，其记录的内容更加具体、详细。总之养殖档案必须具备且符合畜牧法的要求。

1. 养殖土地许可备案

养殖土地视作农业用地，这是畜牧法中作的规定，但必须在土地部门备案后才算获得养殖用地的合法使用权，否则，被视为非法占地。档案内容如下。

（1）有经营者申请手续，主要包括土地使用面积、使用形式、年限等。

（2）有乡镇同意申报手续。

（3）必须有畜牧、土地部门审核，政府同意后的土地部门最终批手续。

2. 养殖许可备案

畜牧法规定养殖场要进行备案管理，所以养殖场必须有养殖备案审批手续档案。《畜牧法》第三十九条规定畜禽养殖、养殖小区应在当地县级畜牧主管部门进行备案，取得畜禽养殖代码。畜禽养殖代码由县级人民政府畜牧兽医行政主管部门按照备案顺序统一编号，每个畜禽养殖场、养殖小区只有一个畜禽养殖代码。

（1）备案的内容。单位名称、养殖品种、单位地址、常年存栏量、负责人是谁、电话、邮政编码、畜禽养殖场（小区）有关情况简介、生产场所和配套生产设施（主要生产工艺）、畜牧兽医技术人员数量和水平（专业技能）、《动物防疫条件合格证》编号、环保设施。

（2）审批程序。一是申请备案的养殖场、养殖小区，向所在县（市、区）畜牧兽医行政主管部门提出申请，填写《河北省畜禽养殖场、养殖小区备案申请表》。二是县（市、区）畜牧兽医行政主管部门自收到备案申请之日起，15个工作日内组织有关人员现场核实。三是养殖档案齐全，情况属实的，登记备案，发给畜禽养殖代码。

3. 养殖场建设档案：

（1）有平面图。包括用地面积、地面物等。

（2）有牛场建设日期，建造所需材料、耗资用料、设计图纸、用工、设计人员等，以备发展扩建参考。

4. 检、免疫档案

（1）免疫程序。牛场要制定自己的免疫程序并存入档案

（2）免疫记录。主要记录牛舍号、牛龄、时间、存栏量、应免数量、实免数量、疫苗名称、生产厂家、购入单位、免疫方

法、免疫剂量、免疫人（签字）、防疫监督责任人（签字）、备注等。

（3）防疫监测记录。主要记录采样日期、牛舍号、采样数量、监测项目、监测单位、疫病监测结果（阴、阳数）、免疫监测结果（合不合格数）、处理情况等。

5. 繁殖档案

（1）系谱档案。奶牛系谱是牛场改良的基础资料，是牛场不可或缺的档案，系谱必须是一牛一档。系谱内容主要包括：

①血亲记录：奶牛编号及父母、祖父母、外祖父母、曾祖父母牛号。

②生长生产记录：出生及第一次配种时体重、体高，胎次产奶量，产犊胎次及公母，产犊间隔等。

③体型外貌记录：体尺测量、体型线性鉴定记录等。

（2）配种记录。主要记录牛号、所在场、舍别、发情时间、第几情期、配种时间（一次、二次）、冻精牛号、冻精使用量（一次、二次）、准胎检查时间、妊娠诊断结果、复验结果、重大繁殖障碍记录、预产期等。

（3）产犊记录。主要记录牛号、所在场、舍别、产犊时间、公母、出生重、流产、早产日期、难/顺产、犊牛编号、死胎。

6. 生产档案

（1）后备牛成长记录。主要记录牛号及断奶、6 月龄、15 月龄、24 月龄时体高、胸围、体重。主要用于判断后备牛生长、发育是否正常。

（2）产奶记录。主要记录牛号、产犊胎次、每日产奶量、每日牛场产奶总量。

（3）奶牛存栏量。主要记录统计月份，牛舍号，日期及出生、调入、调出、死淘数，存栏数等。

（4）奶牛销售记录。主要记录奶牛号、月龄、数量、标志编码、销往或调往单位名称及电话号码、免疫情况、检疫员姓名、检疫证号码，如销往其他奶牛场要附带系谱。

（5）奶牛购进记录。奶牛编号、购进品种、数量、售出单位及地址、免疫情况、检疫员姓名、检疫证号、消毒证号、畜禽标志号、是否附带系谱。

7. 投入品档案

（1）兽药、饲料及饲料添加剂采购入库记录。主要记录购药日期、名称、规格、数量、批号、批准文号、生产厂家和经销商名称及电话。

（2）饲料、饲料添加剂和药物添加剂使用记录。主要记录牛舍号、开始使用时间、产品名称、生产厂家、批号及生产日期、用量、停止使用时间等。

（3）兽药使用记录。主要记录牛舍号、月龄、数量、畜禽标志编码、预防或治疗病名、使用的兽药名称及生产厂家、批号、购入单位、用药方法、投入剂量、休药期、开始使用时间、停止使用时间、兽医签字。

8. 病牛诊疗档案

主要记录用药开始使用日期、停止使用日期、标志编码、牛舍号、月龄或年龄、发病数、病因、诊疗人姓名、用药情况、休药期、诊疗结果等。

9. 病死奶牛、废弃物无害化处理档案

主要记录日期、处理对象、数量、处理或死亡原因、畜禽标志编码、处理方法、处理单位或责任人。

10. 消毒档案

主要记录消毒日期、场所、消毒药名称、用药剂量、消毒方法、操作员签字。

四、档案管理当中应注意的问题

（1）防止应付。有的牛场对档案根本不重视，完全是应付，好像是在给别人干，数据记录不清也不完整。如疫苗批号和生产厂家不记，免疫不记录时间。消毒记录方式简单，一年四季从开头到末尾就一种消毒药，而且只记多长时间一次，具体哪天消的毒不写。

（2）不重视系谱的填写。牛场没系谱记录，改良工作就无从谈起，实际当中，很多牛场根本不建系谱。

（3）购牛记录要填检疫证号码，引进后及时报检。

（4）投入品购入、领用要及时记录，不要丢三落四，要与实际相符。

（5）对奶牛发病和用药，病死畜处理要认真填写。因闲填写麻烦，也怕因此招来麻烦，有的牛场不填写或少填写。

（6）填写完的养殖档案要放到档案柜中保存，不要乱丢乱放，没有填写完的档案，要谁填写谁保管。检查当中经常发现的问题是档案没有固定的地方存放，东一本西一本，乱丢乱放，对档案管理不重视。

第六节　信息技术在奶牛饲养管理中的应用

21世纪是计算机技术飞跃发展的时代，现代信息技术已经渗透到各个领域。随着经济全球化的日益加快，我国社会主义新农村建设和现代畜牧业的稳步推进，畜禽养殖场生产信息化管理和数据互联网共享作为畜牧业信息化的重要平台和手段，在政务信息、市场信息和技术信息的交流中以其开放度高、信息量大、交互性强、查询快捷等特点，为新农村建设和农民增收，为调整农业产业结构、转变畜牧业增长方式、打造现代畜牧业强市发挥着重要作用。奶牛养殖是资源节省潜力最大的畜牧业，牛奶产量也因此占到全球畜产品总产量的 60% 以上。牛奶生产不同于肉、蛋的生产，不可能实现全进全出的生产方式，如果仅依靠人工，根本无法实现奶牛的精细饲养，因此使奶牛的智能化养殖技术在畜牧行业中最为发达。目前，奶牛信息化管理技术在国内外奶牛养殖业中已经得到一定程度的应用，特别是在规模化牧场大量应用，并取得了显著效果。

一、信息技术发展与应用现状

国际上信息技术在奶牛业中的应用大约起始于 20 世纪 50 年代末期，美国奶牛群改良协会 DHIA 开始用大型计算机进行奶牛生产记录管理，到 70 年代配置了电话数据自动查询系统，80 年代就有了微型计算机管理信息系统。现在，信息管理软件在国外已经发展到比较成熟的阶段了，世界上研究开发奶牛智能化养殖系统的企业有以色列的阿菲金（Afimilk）、以色列的 SCR、瑞典的利拉伐等。应用广泛的主要有：德国 WestFalia 公司开发的奶牛群及挤奶时间计算机管理系统——DairyPlan21 牛群管理系统，以色列 Kibbutz Alikim 公司研制的 Alifarm 系统（国内称为阿菲金智能牧场管理系统），英国 FullFood 公司开发的自动牛群管理系统 Crystal 系统，Delaval 公司开发的 Alpro 牛群自动管理系统，新西兰 MASSEY 打下研制的 DairyMan 管理系统。

由于信息技术和畜牧科技发展的滞后，信息技术在我国奶业中应用发展比较缓慢。国内奶牛自动化信息系统的研究应用起步较晚。1983 年，朱益民等人就开始使用 DBASE 语言研制奶牛信息专用数据库；1991 年陈德人建立了奶牛生产信息电脑管理系统；田雨泽等人研制了奶牛生产性能监测信息管理系统。我国奶牛智能化养殖技术发展起始于 2003 年。2002 年 11 月份，科技部863 计划就在现代数字农业专项中启动数字畜牧业研究召开了研讨会（北京世纪宾馆）2003年科技部在"863"计划中设立了数字畜牧业课题（600万元），其中，部分内容是奶牛的智能化养殖技术（50万元）。目前，比较有名的畜牧软件公司有上海益民科技有限公司开发的"奶业之星"系列软件程序、南京丰顿科技有限公司开发的DMS系统、中农博思科技发展公司开发的"乳业专家"系列牧场管理软件等。特别是国内自主研发的奶牛牧场云计算管理系统，在数据智能分析和控制等方面达到了世界领先水平，在软件个性化定制、可操作性、整合性、服务的持续和稳健方面做出了自己的特色。

随着近年来奶牛规模化养殖的发展，无论是国际上还是国内的奶业信息化水平都在迅速提升，软件公司纷纷开发相关应用系统，畜牧机械公司不断开发新型信息采集和反馈的现代化机械，规模奶牛养殖企业也竞相加快信息化进程，智能化设备生产能力和应用能力显著提升。实时监控系统是牧场管理信息化的另一个重要方面，实时采集信息，并通过软件的接口将数据及时传送到牧场管理软件中，经过系统分析处理，把结果反馈给管理者，提供科学的管理依据，实现了信息的闭环系统。现在，国外发达国家奶牛场已广泛实用技术成熟的智能设备系统，如奶牛自动称重系统、奶厅自动计量记录系统、自动挤奶机器人系统、奶牛发情监控系统等；国内在这方面也取得了一定成果，2004年，北京市粮食科学研究所研制了9WAFM—11型奶牛自动精准饲喂系统；2005年，中国农科院研制的基于远距离系统的RFID牛个体识别系统进入实用阶段，银川奥特软件公司的UCOWS奶牛发情监控系统也已广泛投入使用等。

二、关键信息技术简介

（一）奶牛场信息管理系统

通过DC305、阿菲牧、DMS等牧场管理软件，将奶牛编号、品种、来源、繁殖信息、生长测定、体型评定、牛群结构、牛群周转、疾病诊治和防疫信息等档案资料进行汇总登记，建立一套完整的电子档案，实时、动态掌控奶牛群体生产状况，形成完整的动态牛只档案库和牛群结构分析，进而实现奶牛生产周期和流程的自动控制与管理。

（二）RFID 奶牛个体信息电子识别管理系统

在饲养规模较大、饲养水平较高、个体生产能力较高的奶牛场中，对奶牛的常规手工标记与肉眼识别区分，工作难度大、分辨效率低、错误率高，很难准确全面的掌握奶牛群体的生产水平和个体状态，已不能满足现代化牛场管理的要求。无线射频识别技术（RFID）作为一种全新的非接触的快速自动识别技术，正在被越来越广泛地应用于现代化、规模化养殖产业中。RFID 识别系统一般由 2 部分构成，即电子标签（应答器 Tag）和阅读器（读头 Reader）。电子标签固定在奶牛耳部，其位于阅读器的可识读范围时，阅读器自动以无接触的方式将电子标签的约定识别信息调取出来，从而自动识别奶牛信息。因此，该技术可以应用在奶牛饲养生产中的诸多方面，包括牛只日粮自动配给、牛奶产量统计分析，奶牛个体识别、疫病监测防控、产品质量控制及个体溯源追踪等。

（三）奶牛发情监测系统

该系统通过对奶牛行走、躺卧、爬跨等日常活动数据进行分析，建立奶牛活动量与发情关系的预测模型，进而准确判断奶牛的发情期，提高发情揭发率。奶牛发情监控系统通常包括牛号识别与活动量采集发射系统、数据接收系统、数据分析处理通知系统三大部分。其中，牛号识别与活动量采集发射系统一般由安装在奶牛身上的计步器（腿部）或电子项圈组成，内置牛号识别单元、活动量记录单元和无线通讯发送单元，用以识别牛号、统计奶牛活动量和定时发送数据；数据接收系统的核心是无线通讯接收单元，主要用来收集计步器或项圈发送过来的牛号、活动量等无线数据，并将数据传送给分析处理通知系统；数据分析处理通知系统是利用计算机接收和保存牛号和活动量数据，并通过计算奶牛活动量差异推算出奶牛的发情周期，判断该牛当前是否处于发情状态，如果是则给出提示，告知技术管理人员进行相应处理。通过电子发情监控系统，可以实现对奶牛发情行为的 24h 不间断监控，大大提高了发情揭发率，能达到 90% 左右，克服了人工观察发情的不连续性和漏检问题。

（四）奶牛自动精准饲喂系统

该系统由自动识别器、产奶量记录器、定量配料器和微处理机组成的自动饲料配给系统，在发达国家奶牛场已普遍使用。系统用计算机控制，根据奶牛的产奶量、奶牛的品质、体重、生理周期、环境因素等相关参数，结合奶牛饲养过程所需要的营养，准确地完成饲料投喂工作，实现奶牛的自动化精细喂养，从而充分发挥每头奶牛的产奶潜能，提高产奶量，同时减少饲料浪费，降低生产成本。

（五）自动挤奶机器人

自动挤奶机器人在欧美少数发达国家的牧场里出现过。它的机械手臂上装有激光或者红外探测装置，能够精准地找准奶头。找准奶头之后，会首先对奶头进行消毒清洗，然后以非常舒适的力度对奶牛进行挤奶。挤奶机器人一般安装在奶牛圈舍旁边，奶牛一旦需要挤奶，会自动排队等待机器人服务。机器人的作用不仅仅是挤奶，还要在挤奶过程中对奶质进行检测，检测内容包括蛋白质、脂肪、含糖量、温度、颜色、电解质、pH 值等，对不符合质量要求的牛奶，自动传输到废奶存储器；对合格的牛奶，机器人也要把每次最初挤出的一小部分奶弃掉，以确保品质和卫生。挤奶机器人还有一个作用，即自动收集、记录、处理奶牛体质状况、产奶量、每天挤奶频率等，并将其传输到电脑网络上。一旦出现异常，会自动报警，大大提高了劳动生产率和牛奶品质，有效降低了奶牛发病概率，节约了管理成本，提高了经济效益。

三、信息技术的特点

（一）奶牛信息数据化

通过完成牛只基本档案登记、生产性能测定、体型评定、体况评分等基础信息，与繁殖记录、产奶记录、兽医保健等信息关联，建立完整的奶牛生产信息库，提供实时、动态的牛群结构、生产状况分析报表，准确掌握牛群、个体的生产状况，若发现异常，能及时查出问题及产生的原因，提供合理的解决方案，对奶牛进行全方位、多角度的科学管理。

（二）人员管理标准化

通过对牛群的实时动态管理，能够使育种、繁殖、产奶、饲喂、疾病防治、人员物资等按照标准化技术规范管理，真正做到事前有标准、事中有控制、事后有考核，便于对牛场各岗位人员的管理与考核，可以准确统计、报告每个员工在任意工作时间段内的工作量和工作完成情况，实现定量考核。

（三）牛场管理智能化

在奶牛场应用信息化管理技术，首先，可以实现牛只数据库与自动化设备的数据对接与更新，通过与官方数据中心自动链接，实现资源共享和专家适时服务；第二，自动完成实时产奶信息登记与分析，集成与数控挤奶设备的数据导入接口程序，根据历史产奶记录、牛群结构信息预测和制定产奶计划，并跟踪、反馈计划执行情况。第三，实现对生产全程的监督与预警，通过比对预先设置的生产目标和参数，进行日常工作的预警提示服务。

附　录

附1　奶牛繁殖及人工授精操作规范

一、奶牛发情的观察与发情周期的把握

（1）奶牛后备牛发育到一定阶段（一般8～12月龄），渐趋成熟的卵泡壁细胞分泌雌性激素并进入血液，使母牛的行为和生理产生变化，称为发情；第一次发情是该牛繁殖档案的起始日。若14月龄还无初情征兆，要作检查，判定原因并采取措施进行处理。

（2）每个受精员都应掌握所管牛群的发情周期和个体牛的发情规律。做到心中有数，按计划实施牛群的繁殖管理工作。

（3）奶牛发情行为变化。敏感躁动，活动量大。嗅闻其他母牛外阴，下巴依托它牛臀部并摩擦。压捏腰背部下陷，尾根高抬。有的食欲减退和产奶量下降。爬跨它牛或"静立"接受它牛爬跨，后者是重要的发情鉴定依据。

（4）奶牛身体变化。外阴潮湿，阴道黏膜红润，阴户肿胀；外阴有透明、线状黏液流出，或黏于外阴周围，有强的拉丝性。臀部、尾根有接受爬跨造成的小伤痕或秃毛斑。60%左右的发情母牛可见阴道出血，大约在发情后两天出现。这个症状可帮助确定漏配的发情牛，为跟踪下次发情日期或调整情期提供依据。

（5）适时输精。静立、接受爬跨和阴户流出透明具有强拉丝性黏液是输精最宜时段。整个发情的征候是一个渐进性的过

程。发情持续期具有个体差异性。观察到静立、强拉丝黏液征状，即可输精。通常掌握适时一次输精即可。只有当触摸卵泡诊断延迟排卵时，才需第二次输精。熟练掌握同期发情技术，可更有效地实施繁殖计划，缩短发情周期，弥补漏配牛造成的损失，使人工授精集约化成为可能。

二、人工输精操作规范

（一）注意事项

（1）触摸卵泡成熟状态，在即将排卵或刚刚排卵时输精，会得到高的受精率。

（2）输精前及输精过程中应保持牛阴周围的清洁及输精器具的干燥与卫生（输精枪外应使用一次性薄膜防护套）。

（3）子宫创伤出血对精子与受精卵的存活不利，应尽量避免创伤。可用对精子无害、对生殖道黏液无刺激的润滑剂。

（4）在输精器接近子宫颈外口时，用把握子宫颈的手拉向阴道方，使之接近输精器前端，而不是用力将输精器推向子宫颈。要凭手指的感觉将输精器套入子宫颈。

（5）输精器前端在通过子宫颈横行、不规则排列中褶时，可采用改变输精器前进方向、回抽、摆动、滚动等操作技巧，使输精器前端顺利通过子宫颈。严禁以输精器硬戳的方法进入。

（二）直肠把握子宫颈输精的要领及程序

手臂涂以润滑剂或戴上长臂手套，轻柔触摸肛门，使肛门肌松弛。手臂进入直肠时，应避免与努责与直肠蠕动相逆方向移动。分次掏出粪便，避免空气进入直肠而引起直肠膨胀。用手指插入子宫颈的侧面，伸入宫颈之下部，然后用食、中、拇指握抓住宫颈。宫颈比较结实，阴道质地松软，宫体似海绵体（触摸后为有弹性的实感）。输精器以 35°~45° 角度向上进入分开的阴门前庭段后，略向前下方进入阴道宫颈段。把握宫颈的整个手势要柔和，在输精器进入宫颈前，可将宫颈靠在骨盆边上，并轻轻挤压宫颈周围的阴道壁，使输精器只能进入子宫颈口，而不会误入阴道穹隆。精液的注入部位是子宫体与子宫角的结合部。在确定注入部位无误后注入精液。在技术熟练的条件下，可将精液注入排卵侧的子宫角大弯部。非一次性输精用具，在每头牛输精后清洗、干燥消毒后备用。

（三）精液的质量

活力≥0.35 以上，顶体完整率≥40%，畸形精子率≤20%，非病原细菌数≤1000 个/ml。

（四）精液的贮存

精液贮存在高真空保温的液氮罐内；液氮罐应放置在清洁、干燥、通风的木质垫板上；液氮水平面应保持在 18cm 以上，低至 16cm 时，即应添加液氮，可用蓝红二色安瓿指示管或固定式磅秤判别液氮水平。

（五）精液的取出

除本次需要取出的冻精外，其他冻精不可提到罐口以下 3.5cm 线之上，寻找冻精超过 10s，应将分装桶放回液氮内，然后再提起寻找，以保持冻精的冷度；取出后置 38℃ 水浴 10s 解冻。每一头公牛精液应放置在同一分装桶内，并有分装清单，清单上包括公牛号、数量和取用记录；在清洗液氮罐时，预备好的清洁液氮罐应并列放置，快速转移，冻精裸露在罐外的时间不能超过 5s。

三、妊娠诊断

正确的早期诊断可减少饲料损失、确定妊娠期，计算预产期和安排干奶期。受精后第 21~24 天，触摸到 2.5~3cm 发育完整的黄体，表明 90% 的可能已怀孕。在受精后 60 天、第 180~210 天进行两次妊娠诊断，第一次是为确诊有胎，第二次是确保有胎。

四、繁殖计划

后备牛的饲养管理是提高受胎率、顺产率和终身产奶量的关键之一。15 月龄的荷斯坦牛体重达 375kg 时即可加入配种,18 月龄是投入配种月龄的上限;从奶牛场自身效益和管理难度出发,避开最为炎热的 7 ~ 8 月份分娩,一是可提高 305 天产量,二是减少产科疾病;尽量安排 4 ~ 6 月份牛只分娩,以提高 6 ~ 9 月的生鲜乳产量。

五、繁殖记录与档案

注意观察牛只发情、过情、异常行为、子宫(阴道)分泌物状况,收集配种、妊娠诊断、流产等各种信息,及时做好分类记录。每头奶牛在初情期之后,应建立该牛的档案(繁殖卡)。繁殖卡内容包括:牛号、所在场、舍别、出生日期、父号、母号、发情日期、配种日期与配公牛、妊娠诊断结果(预产日期)、复验结果、分娩或流产、早产日期、难/顺产、犊牛号和重大繁殖障碍记录等。

附2 奶牛营养需要及饲料营养成分

一、奶牛营养需要

奶牛营养需要,见附表 2 - 1 至附表 2 - 4。

附表 2 - 1 成母牛维持营养需要

体重(kg)	日粮干物质(kg)	奶牛能量单位(NND)	可消化粗蛋白(g)	小肠可消化粗蛋白(g)	钙(g)	磷(g)	胡萝卜素(mg)	维生素A(国际单位)
350	5.02	9.17	243	202	21	16	37	15 000

（续表）

体重（kg）	日粮干物质（kg）	奶牛能量单位（NND）	可消化粗蛋白（g）	小肠可消化粗蛋白（g）	钙（g）	磷（g）	胡萝卜素（mg）	维生素A（国际单位）
400	5.55	10.13	268	224	24	18	42	17 000
450	6.06	11.07	293	244	27	20	48	19 000
500	6.56	11.97	317	264	30	22	53	21 000
550	7.04	12.88	341	284	33	25	58	23 000
600	7.52	13.73	364	303	36	27	64	26 000
650	7.98	14.59	386	322	39	30	69	28 000
700	8.44	15.43	408	340	42	32	74	30 000
750	8.89	16.24	430	358	45	34	79	32 000

注：①对第一个泌乳期的维持需要按表2基础增加20%，第二个泌乳期增加10%。

②如第一个泌乳期的年龄和体重过小，应按生长牛的需要计算实际增重的营养需要。

③上表没考虑放牧运动能量消耗。

④在环境温度低的情况下，维持能量消耗增加，须在表2基础上增加需要量，按正文说明计算。

⑤泌乳期间，每增重1kg体重需要增加8NND和325gDCP；每减重1kg需要扣除6.56 NND和250gDCP。

注：小肠可消化粗蛋白质＝（饲料瘤胃降解蛋白×降解蛋白转化为微生物蛋白的效率×微生物蛋白质的小肠消化率）＋（饲料非降解蛋白×小肠消化率）＝（饲料瘤胃降解蛋白×0.9×0.7）＋（饲料非降解蛋白×0.65）。

附表2-2　每产1kg奶的营养需要

乳脂率（%）	日粮干物质进食量（kg）	奶牛能量单位（NND）	可消化粗蛋白质（g）	小肠可消化粗蛋白（g）	钙（g）	磷（g）
2.5	0.31~0.35	0.80	49	42	3.6	2.4
3.0	0.34~0.38	0.87	51	44	3.9	2.6
3.5	0.37~0.41	0.93	53	46	4.2	2.8
4.0	0.40~0.45	1.00	55	47	4.5	3.0
4.5	0.43~0.49	1.06	57	49	4.8	3.2
5.0	0.46~0.52	1.13	59	51	5.1	3.4
5.5	0.49~0.55	1.19	61	53	5.4	3.6

附表 2-3　母牛怀孕后 4 个月的营养需要

体重（kg）	怀孕月份	日粮干物质进食量（kg）	奶牛能量单位（NND）	可消化粗蛋白（g）	小肠可消化粗蛋白（g）	钙（g）	磷（g）	胡萝卜素（mg）	维生素A（国际单位）
350	6	5.78	10.51	293	245	27	18	67	27
	7	6.28	11.44	337	275	31	20		
	8	7.23	13.17	409	317	37	22		
	9	8.70	15.84	505	370	45	25		
400	6	6.30	11.47	318	267	30	20	76	30
	7	6.81	12.40	362	297	34	22		
	8	7.76	14.13	434	339	40	24		
	9	9.22	16.80	530	392	48	27		
450	6	6.81	12.40	343	287	33	22	86	34
	7	7.32	13.33	387	317	37	24		
	8	8.27	15.07	459	359	43	26		
	9	9.73	17.73	555	412	51	29		
500	6	7.31	13.32	367	307	36	25	95	38
	7	7.82	14.25	411	337	40	27		
	8	8.78	15.99	483	379	46	29		
	9	10.24	18.65	579	432	54	32		
550	6	7.80	14.20	391	327	39	27	105	42
	7	8.31	15.13	435	357	43	29		
	8	9.26	16.87	507	399	49	31		
	9	10.72	19.53	603	452	57	34		
600	6	8.27	15.07	414	346	42	29	114	46
	7	8.78	16.00	458	376	46	31		
	8	9.73	17.73	530	418	52	33		
	9	11.20	20.40	626	471	60	36		
650	6	8.74	15.92	436	365	45	31	124	50
	7	9.25	16.85	480	395	49	33		
	8	10.21	18.59	552	437	55	35		
	9	11.67	21.25	648	490	63	38		

（续表）

体重（kg）	怀孕月份	日粮干物质进食量（kg）	奶牛能量单位（NND）	可消化粗蛋白（g）	小肠可消化粗蛋白（g）	钙（g）	磷（g）	胡萝卜素（mg）	维生素A（国际单位）
700	6	9.22	16.76	458	383	48	34	133	53
	7	9.71	17.69	502	413	52	36		
	8	10.67	19.43	574	455	58	38		
	9	12.13	22.09	670	508	66	41		
750	6	9.65	17.57	480	401	51	36	143	57
	7	10.16	18.51	524	431	55	38		
	8	11.11	20.24	596	473	61	40		
	9	12.58	22.91	692	526	69	43		

注：怀孕干奶期按上表计算营养需要。

怀孕期间如未干奶，除按上表计算营养需要外，还应加产奶的需要。

附表2-4　生长母牛的营养需要

体重（kg）	日增重（g）	干物质进食量（kg）	奶牛能量单位（NND）	可消化粗蛋白（g）	小肠可消化粗蛋白（g）	钙（g）	磷（g）	胡萝卜素（mg）	维生素A（国际单位）
40	400		3.23	141		11	6	4.3	1.7
	600		3.84	188		14	8	4.5	1.8
	800		4.56	231		18	11	4.7	1.9
60	600		4.63	199		16	9	6.6	2.6
	800		5.37	243		20	11	6.8	2.7
80	600	2.34	5.32	222		17	10	9.3	3.7
	800	2.79	6.12	268		21	12	9.5	3.8
100	600	2.66	5.99	258		18	11	11.2	4.4
	800	3.11	6.81	311		22	13	11.6	4.6
150	700	3.60	7.92	305	272	23	13	17.0	6.8
	800	3.83	8.40	331	296	25	14	17.3	6.9
200	700	4.23	9.67	347	305	26	15	23.0	9.2
	800	4.55	10.25	372	327	28	16	23.4	9.4
250	700	4.86	11.01	370	323	29	18	28.5	11.4
	800	5.18	11.65	394	345	31	19	29.0	11.6

（续表）

体重（kg）	日增重（g）	干物质进食量（kg）	奶牛能量单位（NND）	可消化粗蛋白（g）	小肠可消化粗蛋白（g）	钙（g）	磷（g）	胡萝卜素（mg）	维生素A（国际单位）
300	700	5.49	12.72	392	342	32	20	33.5	13.4
	800	5.85	13.51	415	362	34	21	34.0	13.6
350	700	6.08	13.96	415	360	35	23	39.2	15.7
	800	6.39	14.83	442	381	37	24	39.8	15.9
	900	6.84	15.75	460	401	39	25	40.4	16.1
400	700	6.66	15.57	438	380	38	25	46.0	18.4
	800	7.07	16.56	460	400	40	26	47.0	18.8
	900	7.47	17.64	482	420	42	27	48.0	19.2
500	700	7.80	18.39	485	418	44	30	57.0	22.8
	800	8.20	19.61	507	438	46	31	58.0	23.2
	900	8.70	20.91	529	458	48	32	59.0	23.6
600	700	8.90	21.23	535	459	50	35	70.0	28.0
	800	9.40	22.67	557	480	52	36	71.0	28.4
	900	9.90	24.24	580	501	54	37	72.0	28.8

二、饲料营养成分

饲料营养成分，见附表2-5。

附表2-5 常见奶牛饲料营养成分表

饲料名称	产地	干物质（%）	NND/（kg）	可消化粗蛋白（%）	小肠可消化粗蛋白（g）	粗纤维（%）	钙（%）	磷（%）
野青草	北京	25.3	0.4	1.0	11.6	7.1	0.24	0.03
黑麦草	北京	18.0	0.37	2.4	22.6	4.2	0.13	0.05
甘薯藤	11省市	13.0	0.22	1.4	14.4	2.5	0.2	0.05
玉米青贮	4省市	22.7	0.36	0.8	10.9	6.9	0.1	0.06
玉米秸青贮	吉林	25.0	0.25	0.3	9.7	8.7	0.1	0.02
苜蓿青贮	青海	33.7	0.52	3.2	36.2	12.8	0.5	0.10
甘薯	7省市	25.0	0.59	0.6	6.8	0.9	0.13	0.05
马铃薯	10省市	22.0	0.52	0.9	11.2	0.7	0.02	0.03

（续表）

饲料名称	产地	干物质（%）	NND/（kg）	可消化粗蛋白（%）	小肠可消化粗蛋白（g）	粗纤维（%）	钙（%）	磷（%）
甜菜	8 省市	15.0	0.31	—	13.6	1.7	0.06	0.04
胡萝卜	12 省市	12.0	0.29	0.8	7.5	1.2	0.15	0.09
羊草	黑龙江	91.6	1.38	3.7	51.0	29.4	0.37	0.18
苜蓿干草	北京	92.4	1.64	11.0	116.0	29.5	1.95	0.28
野干草	北京	85.2	1.25	4.3	46.9	27.5	0.41	0.31
碱草	内蒙古	91.7	1.03	4.1	51.1	41.3	—	—
玉米秸	辽宁	90.0	1.49	2.0	41.0	24.9		
小麦秸	新疆	89.6	1.16	0.8	39.2	31.9	0.05	0.06
稻草	浙江	89.4	1.16	0.2	17.3	24.1	0.07	0.05
玉米	23 省市	88.4	2.28	5.9	59.1	2.0	0.08	0.21
高粱	17 省市	89.3	2.09	5.0	59.3	2.2	0.09	0.28
大麦	20 省市	88.8	2.13	7.9	73.6	4.7	0.12	0.29
燕麦	11 省市	90.3	2.13	9.0	78.6	8.9	0.15	0.33
小麦麸	全国	88.6	1.91	10.9	98.2	9.2	0.18	0.78
豆饼	13 省市	90.6	2.64	36.6	295.3	5.7	0.32	0.50
菜籽饼	13 省市	92.2	2.43	31.3	252.5	10.7	0.73	0.95
胡麻饼	8 省市	92.0	2.44	29.1	226.7	9.8	0.58	0.77
花生饼	9 省市	89.9	2.71	41.8	317.1	5.8	0.24	0.52
棉子饼	4 省市	89.6	2.34	26.3	224.4	10.7	0.27	0.81
酒糟	吉林	37.7	0.96	6.7	64.0	3.4	—	—
粉渣	6 省市	15.0	0.39	1.5	12.4	1.4	0.02	0.02
啤酒糟	2 省	23.4	0.51	5.0	46.8	3.9	0.09	0.18
甜菜渣	黑龙江	8.4	0.16	0.5	6.2	2.6	0.08	0.05
牛乳	北京	13.0	0.5	3.2	—	—	0.12	0.09
乳粉	北京	98.0	3.78	24.9	—	—	1.03	0.88
碳酸钙							40	
石灰石粉							35～38	0.02
煮骨粉							24～25	11-18
蒸骨粉							31～32	13-15
磷酸氢钙							23.2	18.0
磷酸钙							38.7	20.0
过磷酸钙							15.9	24.6

参 考 文 献

1. 王福兆，孙少华．乳牛学（第四版）．北京：科学技术文献出版社，2010.
2. 徐照学．奶牛饲养技术手册，北京：中国农业出版社，2000.
3. 胡坚．动物营养学（修订四版本），长春：吉林学技术出版社，1999.
4. 泰勒，恩斯明格著，张沅等译．奶牛科学（第四版），北京：中国农业大学出版社，2007.
5. 王春璇．奶牛疾病防控治疗学，北京：中国农业出版社，2013.
6. 米歇尔·瓦提欧著，石燕 施福顺译，营养和饲喂，北京：中国农业大学出版社，2004.
7. 米歇尔·瓦提欧著，石燕 施福顺译，泌乳与挤奶，北京：中国农业大学出版社，2004.